研究生系列教材
信息类

寄存器分配引论

INTRODUCTION TO REGISTER ALLOCATION

华保健　编著

中国科学技术大学出版社

内 容 简 介

本书是深入介绍编译原理后端技术中寄存器分配的教材，从控制流图中间表示、活跃分析、干涉图等基础概念出发，全面分析、介绍了寄存器分配的各个方面，给出了相关算法实现的程序和丰富的示例。

全书共7章，围绕寄存器分配主题，全面讨论了寄存器分配的基础知识、图着色分配、线性扫描分配、弦图分配、SSA分配、线性规划分配、PBQP分配等课题，并给出了丰富的示例。这些内容不仅可以帮助读者进入寄存器分配这一编译器最重要的后端优化领域，还可以帮助读者进一步提高对编译原理的整体理解能力和软件设计实现水平。

本书适合于高等学校信息与计算机科学、软件工程、信息安全等相关专业的学生，以及对程序设计语言、编译器、代码优化等领域感兴趣的工程技术人员阅读。

图书在版编目(CIP)数据

寄存器分配引论/华保健编著.—合肥:中国科学技术大学出版社，2022.1
ISBN 978-7-312-05318-4

Ⅰ.寄…　Ⅱ.华…　Ⅲ.寄存器—高等学校—教材　Ⅳ.TP332.1

中国版本图书馆CIP数据核字(2021)第200519号

寄存器分配引论
JICUNQI FENPEI YINLUN

出版 中国科学技术大学出版社
安徽省合肥市金寨路96号，230026
http://press.ustc.edu.cn
https://zgkxjsdxcbs.tmall.com
印刷 合肥市宏基印刷有限公司
发行 中国科学技术大学出版社
经销 全国新华书店
开本 787 mm×1092 mm　1/16
印张 11.5
字数 200千
版次 2022年1月第1版
印次 2022年1月第1次印刷
定价 39.00元

序　一

编译原理和技术是计算机科学的核心研究方向。自 20 世纪 50 年代以来，编译原理一直是热点课题，支撑了高级程序设计语言等其他许多分支的发展，成为应对性能、实时和功耗等挑战性问题的重要理论和方法。经过半个多世纪的发展，编译原理已成为成果最丰富的学科，大约每 3 年就有编译原理方面的研究获得计算机领域的最高奖——图灵奖，获图灵奖的从事编译原理方面研究的学者累计有数十位。

编译原理在计算机专业课程体系中一直以来有"难入门"的名声。一方面，编译原理涉及非常广泛的理论知识，包括自动机和文法、高级程序语言、类型系统、数据结构和计算机体系结构等；另一方面，编译器的实现又涉及形式化方法、软件测试、软件安全等软件工程知识。尽管目前相关的学习资料和书籍已经十分丰富，但讨论前端技术的较多，讨论后端技术的较缺乏，而后端技术对于理解和实现现代编译器非常重要。

《寄存器分配引论》是系统地讨论编译器后端寄存器分配技术的教材，涵盖了图着色分配、线性扫描分配、弦图分配、SSA 分配、线性规划分配和 PBQP 分配等内容，从历史的角度对相关的技术进行了全面梳理，并给出了丰富的参考文献。该书组织合理，循序渐进，将理论和实践有机融合，并给出了丰富的示例和实践案例。本书融合了作者丰硕的理论研究成果和丰富的教学实践经验，既适用于刚进入该领域的初学者学习，也对该领域的研究和实践工作者具有重要的参考价值。据我所知，相关类型的书极为少见和难得。

作为一名多年从事计算机系统结构研究和教学的教育工作者，我相信读者能够通过阅读本书，进一步提升编译原理相关的知识水平，为从事相关领域的研发工作打下坚实基础。

李　曦

中国科学技术大学计算机科学与技术学院/软件学院教授、博导

序　二

编译器是计算机科学中理论和实践结合十分紧密的学科之一，学术界和工业界围绕编译器已经进行了大量的理论研究和工程实践。编译器在整个软件栈中起到重要的作用，被称为软件开发中的皇冠；同时，随着应用新场景诉求的变化、硬件架构的演进和基础理论及技术的发展，编译技术的理论研究创新和实践探索都取得了非常大的进展。这些新的编译器设计和实现创新与进展有效支撑了大数据、云计算、异构计算、深度学习等新的应用场景。

寄存器分配是编译器后端一个非常重要的组成部分，其主要作用是将程序的变量等有效分配到机器的物理寄存器中，从而充分发挥机器算力。由于该问题理论难度是 NPC 的，编译器需要各种算法来满足静态编译、即时编译等不同场景的需求。以华为最新发布的毕昇编译器为例，其中就包括了基本分配、快速分配、贪心分配和 PBQP 分配等不同分配算法，它们和毕昇编译器的其他部分有机组合，共同构建了关键差异化竞争力，实现鲲鹏和昇腾的极致性能，支持典型场景性能优势和技术生态构建。但一直以来缺乏对该领域研究进展的系统性总结文献，能够帮助更多的学习者学习好和用好像毕昇这样的业界领先的编译器技术。

今天，很高兴看到《寄存器分配引论》一书出版，该书围绕寄存器分配这个主题，详细讨论了寄存器分配的不同实现算法，包括图着色分配、线性扫描分配、弦图分配、SSA 分配、线性规划分配和 PBQP 分配等；该书还详细讨论了不同算法的实现策略和适用场景等课题。读者在阅读该书的基础上，通过进一步熟悉和掌握像毕昇这样的编译器工程实现，能够对现代编译器的设计和实现技术有更深入的理解。

我相信，该书能够帮助对编译器技术尤其是后端技术感兴趣的读者进一步加深对编译器相关技术的理解，为从事相关领域的研发奠定基础。

Yaoqing Gao
Director
Huawei Compilers and Programming Languages Lab

前　言

编译原理和技术是计算机科学中非常古老、高度发达,也是成果应用十分广泛的课题之一。编译器原理涉及的知识体系非常广且繁杂,和计算机科学的许多学科分支,如形式语言与自动机、类型系统、算法设计分析、程序设计语言、最优化理论、指令集体系结构等,都有密切联系。同时,编译器工程又涉及非常丰富的算法数据结构、软件工程、软件测试等领域知识,包含非常多的编程技巧和各种工程优化。编译器作为重要基础软件之一,向上支持各类丰富的程序设计语言,向下支持各种目标指令集体系结构;深入理解和掌握编译原理相关知识和实现技术,对于初学者进入相关领域研究具有重要作用。

但目前已有的编译原理和技术方面相关的教材、参考书和专著,大多把重点放在相对成熟的编译器前端和中端部分,对编译器后端技术尤其是寄存器分配技术介绍偏少,这给学习和掌握相关课题带来了困难和挑战:一方面,后端的寄存器分配是编译器非常重要的组成部分,甚至被认为是最重要的一种编译器优化;另一方面,寄存器分配问题集中体现了编译原理整个学科最鲜明的一些特点,如针对一个特别困难的问题(NP 完全),研究实际能行的解法(各种启发式算法),并给出较为完美的实现(针对数据结构和算法仔细的工程实现)。从寄存器分配这个具体课题出发,我们才有机会看到编译原理有别于其他学科的显著特点。

本书对编译器原理后端的寄存器分配问题进行了系统讨论,有三个原则指导了本书的编撰:

第一个原则是完整性。初学者在学习寄存器分配这个课题时,遇到的困难之一是背景知识的广泛性和复杂性,因此,本书对涉及的相关背景知识,如图着色、弦图、SSA、整数线性规划、二次分配问题等,都做了必要的讨论;在每章的“深入阅读”部分,对相关问题的历史背景和研究进展给出了参考文献,本书争取做到自容。

第二个原则是通用性。本书重点讨论适用于所有目标指令集体系结构的寄存器分配通用技术，在这些通用技术和特定体系结构的具体技术特性，如寄存器数量、调用约定等底层细节间取得平衡。

第三个原则是实践性。考虑到编译原理理论和实践紧密结合的学科特点，本书除了对相关理论进行深入讨论之外，还特别强调了对实现技术的介绍，对所讨论的每个数据结构和算法都给出了类 C 语言的算法描述。这样，读者不仅能够深入理解寄存器分配的基本原理，还能基于这些算法亲自动手实践。

本书共 7 章，第 1 章介绍寄存器分配必备的基础知识，包括控制流图数据结构、活跃数据流分析、干涉图数据结构，以及对寄存器分配问题的整体介绍；第 2 章讨论基于图着色的寄存器分配算法，包括图着色的基本思想、Kempe 定理及其应用、溢出、接合以及接合策略；第 3 章讨论线性扫描寄存器分配，包括活跃区间分析与构建、线性扫描寄存器分配算法、溢出和接合等；第 4 章讨论弦图分配，包括弦图及其性质、基于完美消去序列的弦图分配算法等；第 5 章讨论基于 SSA 形式的寄存器分配，包括 SSA 及其基本性质、活跃分析和干涉图、SSA 寄存器分配算法等；第 6 章讨论基于整数线性规划的寄存器分配，包括整数线性规划基础、寄存器的分配与指派等；第 7 章讨论 PBQP 寄存器分配算法，包括二次分配问题基础、PBQP 寄存器分配模型等。

感谢李曦教授，在学术研究、工作和人生成长中，笔者有幸得到了李老师的指导和照顾；在李老师引人入胜的计算机组成原理等课堂上，笔者有幸学习了李老师关于技术内容和课程讲授的独特艺术：既包含宏大的历史发展的大局观，又包含激动人心的技术细节。感谢 Yaoqing Gao 教授，高老师在技术方向上对笔者给予了很多指导，他宽广的技术视野和对技术趋势的深刻洞察让笔者受益良多。在本书成书之际，两位老师又欣然为本书作序给予鼓励，感谢两位老师的无私帮助和支持。感谢中国科学技术大学计算机系统安全实验室的研究生胡霜同学帮忙校对本书的初稿，并给出许多有益的修改建议。本书部分内容在中国科学技术大学的编译原理等相关课程的课堂上讲授过，感谢相关同学在选修这些课程时的积极参与。

限于笔者的知识水平和时间，本书的不妥甚至谬误之处在所难免，敬请读者指正。

华保健

2021 年 1 月于中国科学技术大学软件学院

目　　录

第1章 基础知识

本章主要讨论本书中用到的相关基础知识，为后续章节内容的学习打下基础。这些基础知识包括程序控制流图、活跃分析、干涉图数据结构、抽象机器模型和寄存器分配简介；最后的“深入阅读”小节，给出了供进一步深入阅读的参考文献。

1.1 控制流图

对程序进行分析或者优化，都要基于对程序的合适的中间表示进行。在讨论寄存器分配优化时，最常用的中间表示是控制流图（Control Flow Graph，CFG）。控制流图非常便捷地表达了程序执行的控制流结构，方便进行其他的程序分析和优化。本节，我们讨论控制流图的定义；基于 C 语言，给出控制流图的一种典型数据结构实现；讨论从高层或底层代码生成控制流图的基本技术。在本书中，在不引起混淆的情况下，我们也经常简称控制流图为流图。

1.1.1 流图的定义

程序控制流图的定义，由图 1.1 中扩展的上下文无关文法给出。文法中的符号“$*$”表示该语法实体的 0 次或任意多次出现，例如，$F*$ 代表函数 F 出现 0 次或任意多次。（在形式语言中，这个符号一般称为克林闭包（Kleene closure），用以纪念数学家和逻辑学家 Stephen Kleene。）

整个程序 P 一般是一个编译单元，由若干个函数 F 组成；每个函数 F 包括函数名 f、若干个函数参数 x、函数体，其中函数体包括若干个基本块 B。需要注意的是，我们在这个定义中，省略了函数 F 的参数类型和返回值类型等信息，而隐式假定这些类型都是整型，这并不影响我们在本书中对寄存器分配问题的研究和讨论。在实际工程的编译器实现中，这些类型信息往往在中间表示上保持和表达（换句话说，中间表示是显式类型化的），但这增加更多的是工程上的工作量，而不是理论上的难度。

```
P ::= F*
F ::= f(x*) {B*}
B ::= L: S* J
S ::= y = τ(x*) | y = f(x*) | [y] = x | y = [x] | y = x
J ::= goto L | if(x, cond, y, L1, L2) | return x
```

图 1.1 程序控制流图的定义

每个基本块 B 包括一个标号 L 作为该基本块的唯一标识，后跟若干条语句 S；基本块 B 必须以一条控制转移语句 J 结尾。

语句 S 包括几种不同的语法形式：算术运算指令 $y=\tau(x*)$，我们用抽象的运算符号 τ 指代具体的运算符号，例如，它可以代表加、减、乘、除等常见的二元运算，或者取绝对值等一元运算，等等，其中 $x*$ 是运算的参数，参数的具体数目取决于具体的运算符 τ，最终，τ 运算的结果赋值给变量 y。语句 $y=f(x*)$ 代表函数调用，即用参数 $x*$ 调用函数 f，并且将函数的返回值赋值给变量 y。语句 $[y]=x$ 表示数据存储，即把变量 x 的值存储到内存地址为 y 的单元中。应注意，这里的内存是隐式出现的，另外，读者切忌将语法记号 $[]$ 和高级语言中常见的数组记号混淆，实际上，在我们给定的控制流图的定义中，并不包含数组结构——我们假定数组和结构体等高层语法概念，已经被翻译成底层的显式内存操作。语句 $y=[x]$ 表示内存加载，即将内存地址为 x 的单元中的值加载到变量 y 中。最后，语句 S 中还包括数据移动语句 $y=x$，即将变量 x 的值赋值给变量 y（有的文献也将这条语句称为拷贝语句，在本书中，我们统一称其为数据移动语句）。需要特别强调的是，该数据移动语句在寄存器分配过程中起到了非常特殊的作用，因此我们不能简单地把它看成一种赋值指令，我们将在 2.4 节讨论接合时，继续深入讨论这个课题。

控制流转移指令 J 包括三种语法形式：无条件跳转 goto，它直接跳转到某个确定的标号 L；有条件跳转 if，它根据变量 x 和 y 的值，以及某个跳转条件 cond，来决定是跳转到标号 L_1 还是 L_2，典型的跳转条件 cond 包括相等“$=$”、不等“$!=$”、大于“$>$”、小于“$<$”，等等；函数调用返回语句 return，它将返回值 x 返回给函数调用者。

对上述给定的程序控制流图定义,还有几个关键点需要注意:

(1) 函数 F 中包括唯一的入口块,函数从这个块进入开始执行;函数 F 中还包括一个或多个退出块,函数的执行在这些块结束并退出。

(2) 每个基本块 B 单入单出,即执行流必须从基本块 B 的第一条指令开始执行,顺序执行完基本块 B 中的每条指令后,退出该基本块 B;语句的执行不能从基本块的中间某条指令开始,也不能从基本块中间退出执行。

(3) 函数 F 中可以使用无限制数目的函数参数或局部变量,这些变量既包括程序源代码中声明的变量,也包括编译器在编译过程中生成的临时变量。在这个阶段,我们不必担心可用变量数目的问题,后续的寄存器分配阶段会把这些变量分配到物理寄存器中,这正是本书要讨论的主题。这个关键点也反映了编译器设计中非常重要的关注点分离原则,即编译的每个节点只关注本阶段的核心问题。

(4) 本小节对控制流图的定义虽然简单,但已经包含了必要的核心元素,在实际的工程实现中,该定义可根据需要进行扩展。例如,如果要支持异常处理,则可以对控制转移指令添加异常抛出的指令,等等。在本书中,为了讨论简单起见,我们一般使用上述定义,在必要时再引入特定的扩展。

除了用上述上下文无关文法定义控制流图外,在很多情况下,显式地画出控制流图的图形,对于分析程序的控制流结构是十分方便的。我们可以把每个函数 F 的控制流图结构表达成一个有向图 G:函数 F 的每个基本块 B 被表达成有向图 G 中的一个节点,函数 F 中基本块 B_1 到基本块 B_2 之间的控制转移关系,被表达成有向图 G 中对应节点之间的有向边 (B_1,B_2)。

为了更直观地研究程序控制流图的有向图表示,我们考虑如下的求和函数的例子:

```
1 int sum(int n){
2   int s = 0, i = 0;
3   while(i <= n){
4     s += i;
5     i += 1;
6   }
7   return s;
8 }
```

其编译得到的控制流图的代码由 L_0,L_1,L_2 和 L_3 四个基本块组成:

```
1  int sum(int n):
2    L0:
3      s = 0;
4      i = 0;
5      goto L1;
6    L1:
7      if(i<=n, L2, L3);
8    L2:
9      s = s + i;
10     i = i + 1;
11     goto L1;
12   L3:
13     return s;
14 }
```

该程序所对应的有向图如图 1.2 所示。把程序控制流图显式表达成有向图,除了表达更加直观外,更重要的是,我们可以把关于有向图的相关理论,以及处理有向图的相关算法,都直接应用到对程序控制流图的处理上来。一般地,我们记有向图为

$$G = (V, E)$$

其中

$$V = \{v_1, \cdots, v_n\}$$

是图 G 的 n 个节点,且

$$E = \{(x, y) \mid x, y \in V\}$$

是图 G 的边。对任给的节点 x,我们记该节点的度为 $degree(x)$,该节点所有邻接点构成的集合为 $adj(x)$,我们在后续章节还会用到这些记号。

最后,在结束本小节的讨论前,我们还必须指出:本小节给出的控制流图的定义处于一个相对抽象和高层的层面上,例如,定义中给定的语句 S 是相对抽象的操作,并未和特定的某个指令集体系结构中的具体指令绑定。这样做的好处是它使得我们可以在一个统一的框架内,讨论适用于各种不同指令集体系结构的普适寄存器分配技术,并把会受特定目标指令集体系结构影响的寄存器分配技术作为特例进行专门讨论。

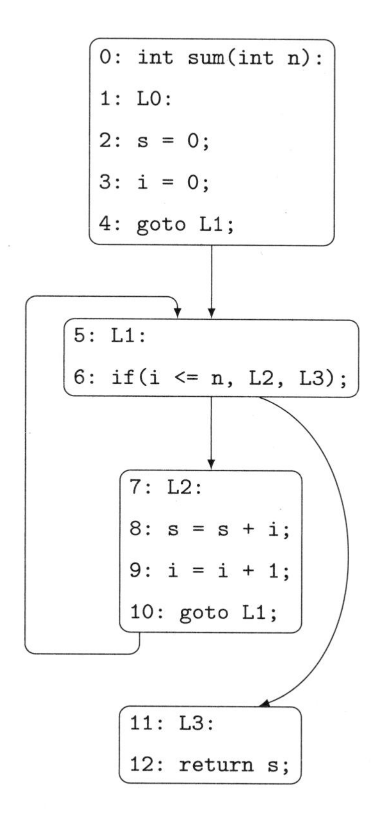

图 1.2　示例程序的控制流图

1.1.2　流图的数据结构

在实际编译器工程中,对控制流图的高效实现非常重要,编译器的实现者需要精心选择实现所需的数据结构,并进行仔细的工程实现。在本小节,为介绍控制流图数据结构实现的基本技术,我们基于 C 语言给出图 1.1中所定义的控制流图的一个数据结构实现示例。

对每个语法单元,我们定义一个结构体来编码该语法单元的所有组成元素,因此,我们有如表 1.1 所示的语法单元和数据结构。

表 1.1

语法单元	数据结构
P	struct P
F	struct F
B	struct B
S	struct S
J	struct J

例如,表 1.1 中的第一行表明语法单元 P(程序)由结构体 struct P 所定义,其他类似。所有结构体的具体定义如下:

```
1  // transfer
2  enum J_kind{
3    J_GOTO, J_IF, J_RETURN
4  };
5
6  struct J{
7    enum J_kind kind;
8  };
9
10 struct J_Goto{
11   enum J_kind kind;
12   char *L;
13 };
14
15 struct J_If{
16   enum J_kind kind;
17   char *x;
18   int cond;
19   char *y;
20   char *L1;
21   char *L2;
22 };
23
24 struct J_Return{
25   enum J_kind kind;
26   char *x;
27 };
28
29 // statement
30 enum S_kind{
31   S_ASSIGN, S_CALL, S_STORE, S_LOAD, S_MOVE
32 };
33
34 struct S{
35   enum S_kind kind;
```

```
36 };
37
38 struct S_Assign{
39   enum S_kind kind;
40   char *y;
41   int tau;
42   char *x[];
43 };
44
45 struct S_Call{
46   enum S_kind kind;
47   char *y;
48   char *f;
49   char *x[];
50 };
51
52 struct S_Store{
53   enum S_kind kind;
54   char *y;
55   char *x;
56 };
57
58 struct S_Load{
59   enum S_kind kind;
60   char *y;
61   char *x;
62 };
63
64 struct S_Move{
65   enum S_kind kind;
66   char *y;
67   char *x;
68 };
69
70 // block
```

```
71 struct B{
72   char *L;          // block label
73   struct S *stms; // a list of statement
74   struct J *transfer; // a transfer
75 };
76
77 // function
78 struct F{
79   char *f;          // function name
80   char *args[];  // function arguments
81   struct B *blocks; // a list of blocks
82 };
83
84 // program
85 struct P{
86   struct F *functions; // a list of functions
87 };
```

上述实现代码中的程序的结构体 struct P、函数的结构体 struct F 和基本块的结构体 struct B 比较直接，它们直接编码了相应语法实体的相应信息。以实现基本块的结构体 struct B 为例，它包括基本块的标号 L（第 72 行）、基本块中的一个语句列表 struct S*（第 73 行）、基本块的控制转移语句 J（第 74 行）。

语句S右侧有多个可选的语法结构，对此我们定义了一个联合类enum S_kind来枚举每种可能的结构（第 30 行），定义了一个结构体类型 struct S 来代表产生式的左侧符号；对于产生式右侧的每种可能结构，定义一个对应的结构体类型，编码其信息。例如，对于算术运算的产生式

$$s ::= y = \tau(x*)$$

我们编码其语句类型 kind（第 39 行）、左侧的被赋值变量 y（第 40 行）、运算符 tau（第 41 行）和元素的操作数列表 x[]（第 42 行）。其他语句的编码形式与赋值语句的形式类似。

类似地，控制转移 J 的右侧同样有多种可能的语法结构，其编码过程与语句 S 类似，具体分析过程作为练习留给读者。

在结束本小节的讨论前，我们必须要指明两个关键点：第一，这里给出的是一

个示例实现,我们没有尝试去包括实现的各个细节,例如,这里没有包含对数据结构精心的工程实现,也没有包括数据结构的分配和回收操作的相关代码,但读者可以根据这里给出的示例代码,进一步进行完善;第二,数据结构的相关实现是一个强语言依赖的工作,这里给出的是基于类 C 代码的一个实现,如果使用其他语言进行实现,具体的实现方式会有比较大的差别,但整体思路没有本质不同。

1.1.3　流图的构造

编译器需要基于程序的其他数据结构表示来构造控制流图,本小节简要讨论流图的构造算法。

大致来说,按照程序的初始数据结构不同,流图的构造算法分成两类:

(1) 对结构化代码的流图构造:程序的初始代码是结构化的,例如在抽象语法树表示中,程序只包括结构化的控制流语句,如常见的条件 “if”、循环 “while”,等等。

(2) 对非结构化代码的流图构造:程序的初始代码是非结构化的,最常见的是线性代码表示。

第 1 种构造流图的常见场景是直接从抽象语法树表示出发构造流图。这种构造过程比较直接,可以直接使用递归算法。

编译器工程中更常遇到的是第 2 种场景,即程序已经被转换成了某种线性中间表示,或者是从程序的底层汇编表示出发,逆向向上构造流图,等等;即便是从高层代码出发构造流图,由于高层语言中可能包含 goto 等直接进行跳转的非结构化语句,因此先把语法树转换成线性表示,再构造流图会更加方便。

对于第 2 种场景,我们给出如下的基于首领思想的流图构造算法 buildCfg():

```
1  leaders[] = {};
2
3  void markLeader(S[]){
4    int next = 0;
5    for(each statement s in S[]){
6      if(s is a label statement)
7        leaders[next++] = s;
8    }
9  }
```

```
10
11 void markBlock(S[]){
12   for(each leader in leaders[]){
13     for(each statement t starting from S[s]){
14       if(t is in leaders[])
15         break;
16     }
17     // build a new basic block b from s to t (excluding t)
18     b = buildBlock(s, t);
19     if(t is "goto L")
20       buildEdge(t, L);
21     else if(t is "if(x, cond, y, L1, L2)"){
22       buildEdge(t, L1);
23       buildEdge(t, L2);
24     }
25   }
26 }
27
28 void buildCfg(S[]){
29   markLeader(S);
30   markBlock(S);
31 }
```

该算法接受一个语句的线性序列 $S[]$ 作为输入（注意，其中可能同时包含标号、语句、转移等语法结构），并对代码进行两遍扫描：markLeader() 和 markBlock()。

函数 markLeader() 对程序进行第一遍扫描，首先尝试找到所有的首领，这里所谓的首领指的是基本块的第一条语句（一条标号语句），并把所找到的首领语句记录在数组 leaders[] 中；接着，函数 markBlock() 对程序进行第二遍扫描，在扫描的过程中，每次都从一个首领 leader 出发，确认跟在该首领后的所有语句 t，从而确定一个基本块 b；找到一个基本块后，还需要根据该基本块结尾的控制转移语句的具体形式，添加适当的有向边到流图中。

尽管进行了两遍扫描，但算法具有线性时间复杂度，在实际中比较高效。

1.2 活跃分析

为了进行包括编译优化在内的程序变换，编译器必须对程序进行静态分析（也称为编译期分析），以确定程序变换实施的可能性、方式、终止性、安全性等重要问题。程序分析非常丰富，其中对程序中的值以及值的可能流动进行的一类分析被称为*数据流分析*（data-flow analysis）。

一般地，我们可称程序对变量值的读为*使用*（use），而对变量值的写为*定义*。结构良好的程序一般都遵守先定义后使用的原则，即在程序控制流图的任何一条路径上，会先经过某个变量的定义，然后才会经过该变量的使用；否则，我们会读到一个未初始化变量，此时，我们可假定该变量在程序入口处被定义了一个特殊值。

语句 s 的变量使用集合 use 和定义集合 def 可由语句 s 唯一确定，它们可由如下方程描述：

```
use(y=τ(x*))        = {x*}
use(y=f(x*))        = {x*}
use([y]=x)          = {x, y}
use(y=[x])          = {x}
use(y=x)            = {x}

def(y=τ(x*))        = {y}
def(y=f(x*))        = {y}
def([y]=x)          = φ
def(y=[x])          = {y}
def(y=x)            = {y}
```

对这组方程，有两个关键点需要注意：第一，要特别注意对于访存语句的定义和使用集合的计算，尤其是存储语句 $[y]=x$，其对变量 y 是使用，而不是定义；第二，从实现的角度看，由于每条语句 s 的定义和使用集合是确定的，因此，如果关心计算速度的话，可以预先把这些集合计算出来，并存储在相应的数据结构上供直接使用，这里涉及经典的算法时间空间复杂度平衡的策略。在实际的工程中，为了性能考虑，还需要仔细的工程集合的高效表示等，限于主题和篇幅，我们不深入讨论这些内容。

对于转移语句 j，其变量使用集合 use 和定义集合 def 的方程类似：

```
use(goto L)                  = ϕ
use(if(x, cond, y, L1, L2)) = {x, y}
use(return x)                = {x}

def(goto L)                  = ϕ
def(if(x, cond, y, L1, L2)) = ϕ
def(return x)                = ϕ
```

其具体分析过程,作为练习留给读者。

对于给定的变量 x,假定从其一个定义点 p 到使用点 q 的路径是 l,考察该路径 l,对于 l 上的任何点 r,如果 r 和 q 之间没有对变量 x 的其他定义,则我们称变量 x 在程序点 r 是活跃的(live)。分析变量的活跃点的程序分析被称为活跃分析(liveness analysis),它是一种经典且重要的数据流分析。

直观上,变量 x 在某个程序点 p 活跃,代表着它已经在程序点 p 前面被赋值过,并且该值将在程序点 p 后面被用到,因此,程序在该变量的活跃点 p 执行时,变量 x 的值必须始终被妥善地保存并维持不变,亦即它必须独占某个存储位置(在寄存器或内存中)。正因为如此,无论是哪种寄存器分配算法,往往都要首先进行活跃分析,并根据活跃分析的结果采用适合的分配算法。

1.2.1 数据流方程

为了计算程序的活跃信息,我们对每条语句 s,都定义两个变量集合 $liveIn(s)$ 和 $liveOut(s)$,分别代表语句 s 执行前的活跃变量集合和语句 s 执行后的活跃变量集合:

$$\begin{array}{c} \bullet\ liveIn(s) \\ s: y = \tau(x*) \\ \bullet\ liveOut(s) \end{array}$$

应注意对于相邻的两条顺序语句 s, t 来说,前一条语句 s 后的活跃变量集合 $liveOut(s)$ 和后一条语句 t 前的活跃变量集合 $liveIn(t)$ 是同一个集合,即

$$liveOut(s) = liveIn(t)$$

活跃分析是一种典型的数据流分析,该分析可由如下的数据流方程给出:

$$liveOut(s) = \bigcup_{p \in succ(s)} liveIn(p) \tag{1.1}$$

$$liveIn(s) = (liveOut(s) - def(s)) \bigcup use(s) \tag{1.2}$$

式（1.1）指明每个语句 s 的 $liveOut(s)$ 集合等于该语句 s 的所有后继语句 p 的 $liveIn(p)$ 的并集；而式（1.2）指明语句 s 的 $liveIn(s)$ 集合等于该语句 s 的 $liveOut(s)$ 集合，减去其定义变量集合 $def(s)$ 后，再并上其所使用的变量集合 $use(s)$。

对于这组数据流方程,有两个关键点需要注意:第一,式（1.1）表明,当节点 x 后继节点 p 的个数大于 1 时,不同后继节点的 $liveIn(p)$ 集合可能不相等,这意味着会有变量在不同的路径上活跃,这被称为流敏感的（flow-sensitive）。考虑图 1.3 给出的示例程序,变量 x 只在边 (L_1,L_2) 上活跃,而变量 y 只在边 (L_1,L_3) 上活跃,因此,基本块 L_1 的活跃集合

$$liveOut(L_1) = \{x\} \bigcup \{y\} = \{x,y\}$$

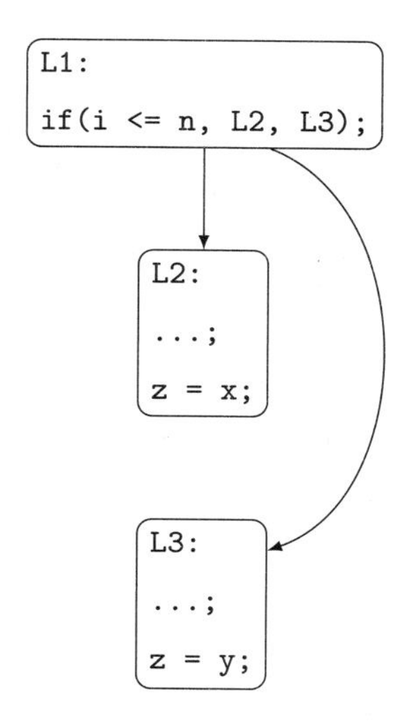

图 1.3 活性分析的流敏感性

第二,由于变量遵循先定义后使用的原则,因此,直观上看,这组数据流方程总是从变量的使用出发,由后向前去找到变量的定义,活跃分析也被称为后向数据流分析（backward data-flow analysis）。

1.2.2 不动点算法

活性分析的数据流方程（1.1）和（1.2），可以被看成从右向左的赋值，这种观点给出了一种基于迭代的求解活性分析的算法。该算法如下：

```
1  void liveness(program p){
2   for(each statement s in p){
3    liveIn[s] = φ;
4    liveOut[s] = φ;
5   }
6   while(liveIn or liveOut set still changing){
7    for(each statement s in p){
8     liveOut[s] = ⋃_i liveIn(p_i); // p_i are successor of s
9     liveIn[s] = (liveOut[s] - def(s)) ⋃ use(s);
10   }
11  }
12 }
```

该算法接受待分析的程序 P 作为输入，算法先对 P 中的每个语句 s 都创建两个集合 $liveIn[s]$ 和 $liveOut[s]$，并将这些集合都初始化成空集 $\varnothing$；接着，算法对所有的语句 s 做循环迭代，在每次迭代过程中，根据上述数据流方程，更新两个集合 $liveIn[s]$ 和 $liveOut[s]$ 的值，一直迭代到所有集合都不再变化为止，我们称算法执行达到了一个不动点，这个算法也因此被称作一个*不动点算法*（fixpoint algorithm）。

关于这个不动点算法，需要注意两个关键点：第一，由于不动点算法没有明确规定循环次数，因此需要特别注意不动点算法的终止性；就活跃分析算法而言，应注意每个集合都单调递增且都不会超过所有变量的全集，因此算法一定会执行终止。第二，假设给定的程序 P 中共有 M 条语句和 N 个变量，算法的最坏运行时间复杂度为

$$O(M \times N) \tag{1.3}$$

但注意到式（1.3）实际上描述的是集合操作的数量，因此，为了算法的高效实现，还需要对集合的数据结构和相关算法进行精心的设计与实现，例如可使用位向量实现集合，用工作表算法（worklist algorithm）实现迭代，并用后序遍历算法访问控制流图，等等。

以图 1.2 中的求和程序为例,运行活性分析算法 liveness(),可给出如表 1.2 所示的算法迭代执行过程及结果(用 out,in 分别代表 *liveOut*,*liveIn* 集合)。

表 1.2

语句	use	def	out/in 初始值	out	in	out	in
2	∅	s	∅	n,s	n	...	...
3	∅	i	∅	i,n,s	n,s	...	...
6	i,n	∅	∅	i,s	i,n,s	...	...
8	i,s	s	∅	i	i,s	...	...
9	i	i	∅	∅	i	...	...
12	s	∅	∅	∅	s	...	...

表 1.2 给出了各个活跃集合的初始值,以及第一轮迭代计算进行完所得到的结果。剩余的迭代过程作为练习留给读者。

尽管为了研究寄存器分配问题,我们在本小节仅讨论了活跃分析,但相关的概念和技术也适用于研究其他数据流分析问题,其中不同的是数据流方程的定义、数据的流向等具体方面。因此,这些不同的数据流问题都可以被一个抽象的格(lattice)模型统一描述。

1.3 干涉图

在一个给定的程序点上,如果有 n 个变量同时活跃,则意味着该程序点对寄存器的需求数量至少为 n,这个值 n 称为该程序点的寄存器压力(register pressure)。一个程序中所有程序点的寄存器压力的最大值,称为该程序的寄存器压力。程序寄存器压力是一个近似指标,刻画了对一个程序进行寄存器分配的难度。

直观上,在任何一个程序点上,在同一个活跃集合中的 n 个变量相互干涉(interference),即它们不能存储在同一个寄存器或者同一个内存地址中。严格地讲，给定语句 s 以及它的活跃集合 $liveOut(s)$，集合$def(s)$和集合$liveOut(s)$中的不相同的变量相互干涉。根据干涉关系，我们可以给程序构造一个干涉图（interference graph，IG）数据结构，干涉图是一个无向图，图中的节点是程序变量 x，如果两个程序变量 x 和 y 相互干涉，则在 x 和 y 对应的两个节点间连一条无向边。构造干涉图的算法 buildIG() 如下：

```
1  void buildIG(program p){
2    liveness(p);
3    ig = newGraph();
4    for(each variable x in p)
5      addVertex(ig, x);
6    for(each statement s in p){
7      if(s is a move statement "y=x")
8        for(each variable u in liveOut(s) and u ≠ x)
9          addEdge(ig, y, u);
10     else
11       for(each variable u in liveOut(s))
12         for(each variable v in def(s))
13           addEdge(ig, u, v);
14   }
15 }
```

算法首先调用 liveness() 函数对给定的程序 P 进行活跃分析，然后构造一个干涉图 ig，并将程序 P 中的所有程序变量 x 都作为节点插入干涉图 ig 中，这样，我们就得到了一个只包含孤立节点的平凡的图。接下来，算法依次扫描程序 P 中的语句 s，并将语句 s 活跃集合 $liveOut(s)$ 中的每个变量 u 和定义集合 $def(s)$ 中的变量 v 组成的边 (u,v) 加入干涉图 ig 中（算法第 11~13 行）。这里还有一个技术细节：如果语句 s 是一个数据移动指令 $y = x$，则变量 y 和变量 x 并不干涉，因此，不能将它们作为边加入干涉图。

我们对图 1.2 中给定的求和示例程序，使用算法 buildIG() 进行干涉图的构造，其结果如图 1.4 所示。

这是一个三阶完全图 K^3，即三个变量 i,n 和 s 直接相互两两干涉。

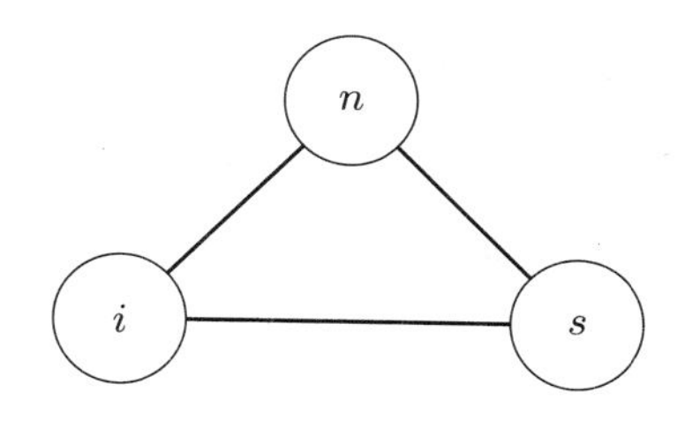

图 1.4　程序的干涉图

1.4　寄存器分配

程序中包括声明变量以及编译器自动生成的临时变量（以下统称为变量），为了让程序在目标机器上执行，编译器必须给这些变量分配合理的存储。编译器可以采用一个非常保守的策略，即把所有变量都存储在内存中，仅当需要进行计算时，才将这些变量临时加载到物理寄存器中，计算完成后把结果重写存回内存，这种策略称为*栈分配策略*。尽管栈分配策略非常简单，并且易于实现，但由于在目前的计算机体系结构中，访问寄存器的速度远比访问内存快，因此，为了尽可能提高目标程序的运行效率，编译器应该尽可能将这些变量优先分配到寄存器中，仅当物理寄存器不够用时，才将变量存放在内存中，这个过程称为*寄存器分配*（register allocation，RA）。从这个角度看，寄存器分配是编译器后端进行的一种优化。

寄存器分配是一个非常重要的问题，并且可能是所有编译优化中最重要的一个，引用 Hennessy 和 Patterson 的说法：

> 寄存器分配由于在代码加速以及其他优化方面扮演核心角色，从而成为重要的——即便不是最重要的——编译器优化。

因此，任何一个用于实际生产的编译器，都必须精心地选择和实现高效的寄存器分配算法。

1.4.1　栈分配策略

尽管编译器用栈分配策略编译生成的目标代码效率不高，但栈分配策略仍然非常重要，主要是因为：第一，由于栈分配比较简单，编译器后端可同时实现栈分配和寄存器分配，并将栈分配作为后端实现的基线，用来对寄存器分配进行结果对比验证测试；第二，如果需要对编译器生成的可执行文件进行调试，则对变量进行栈分配会更加方便（如设置断点、设置观察点等调试操作），等等。

栈分配策略主要分成两个阶段：

(1) 变量分配：对给定程序 P 中的每个变量 x 都分配一个栈帧上的偏移 l_x，在程序执行期间，该位置 l_x 始终被变量 x 独占。

(2) 程序改写：假定我们考虑的机器模型是一个精简指令集体系结构（Reduced Instruction Set Computer，RISC），则所有的计算必须都在物理计算器中进行，因此，我们需要加入额外的数据存储指令，并对原有指令进行改写。

第一个阶段的实现比较简单，我们接下来重点讨论第二个阶段。第二个阶段可基于一个语法制导的局部改写规则实现，这个规则基于对程序各种可能语法形式的归纳。假设目标机器上一共有 K 个物理寄存器 $r_1,\cdots,r_K$，则我们可给出如下的两个函数：

$$
\begin{aligned}
\mathcal{S}(s) &= \cdots \\
\mathcal{J}(j) &= \cdots
\end{aligned}
$$

分别对语句 s 和控制转移 j 进行改写。

基于对语句 s 语法形式的归纳，我们可给出如下的程序改写规则：

$$
\begin{aligned}
\mathcal{S}(y=\tau(x_1,\cdots,x_n)) = {} & r_1 = r_{BP}[l\_x_1]; \\
& \cdots; \\
& r_n = r_{BP}[l\_x_n]; \\
& r_1 = \tau(r_1,\cdots,r_n); \\
& r_{BP}[l\_y] = r_1; \\
\mathcal{S}(y=f(x_1,\cdots,x_n)) = {} & r_1 = r_{BP}[l\_x_1]; \\
& \cdots; \\
& r_n = r_{BP}[l\_x_n]; \\
& r_1 = f(r_1,\cdots,r_n); \\
& r_{BP}[l\_y] = r_1; \\
\mathcal{S}([y]=x) = {} & r_1 = r_{BP}[l\_x]; \\
& r_2 = r_{BP}[l\_y]; \\
& [r_2] = r_1; \\
\mathcal{S}(y=[x]) = {} & r_1 = r_{BP}[l\_x]; \\
& r_1 = [r_1];
\end{aligned}
$$

$$
\begin{aligned}
r_{BP}[l\_y] &= r_1;\\
\mathcal{S}(y=x) = r_1 &= r_{BP}[l\_x];\\
r_{BP}[l\_y] &= r_1;
\end{aligned}
$$

其中的寄存器 r_{BP} 表示函数栈帧的基址寄存器,所有待分配的变量 x 的偏移 l_x 都相对该基址。以算术运算语句 $y=\tau(x_1,\cdots,x_n)$ 为例,首先,编译器将 n 个运算数 $x_1,\cdots,x_n$ 分别读入 n 个寄存器 $r_1,\cdots,r_n$ 中,然后再执行算术运算 τ 并将运算结果存入寄存器 r_1 中(复用了该寄存器),最后将寄存器 r_1 中的结果写回内存中变量 y 对应的偏移地址 l_y 处。一般地,算术运算只有 $2\sim3$ 个操作数,因此也最多用到 $2\sim3$ 个物理寄存器。

其他语句的规则类似,我们留给读者逐个分析。唯一需要强调的是对函数调用 $y=f(x_1,\cdots,x_n)$ 的转换规则,如果在具体的指令集体系结构上,还需要考虑具体的调用规范等细节,此处做了简化。

对控制转移语句 j 的转换规则 $\mathcal{J}()$ 定义如下:

$$
\begin{aligned}
\mathcal{J}(goto\ L) &= goto\ L;\\
\mathcal{J}(if(x,cond,y,L1,L2)) &= r_1 = r_{BP}[l\_x];\\
&\quad\ r_2 = r_{BP}[l\_y];\\
&\quad\ if(r_1,cond,r_2,L1,L2);\\
\mathcal{J}(return\ x) &= r_1 = r_{BP}[l\_x];\\
&\quad\ return\ r_1;
\end{aligned}
$$

和函数调用的规则类似,函数返回的规则 $return\ x$ 同样略去了与具体指令集体系结构相关的调用规范,除此之外,这些规则都比较直接,具体的分析过程作为练习留给读者。

总结下来,无论是从理论上还是从实现上来看,基于栈分配的寄存器分配都比较简单且容易实现,编译器实现者都应该考虑先实现这个版本,得到一个也许并不能高效生成代码,但运行结果正确的程序,并以此为基线实现更复杂寄存器优化算法。在任何情况下,简单且正确的代码,总好过复杂且易错的代码。

1.4.2 寄存器分配策略

函数粒度的寄存器分配一般被称为*全局分配*,全局寄存器分配仍然是一个困难问题,理论上已经证明:一般的全局分配问题的难度是 NP 完全的,这意味着目前没有找到通用的多项式时间复杂度的求解算法（但是也未证明多项式时间复杂度的算法一定不存在），因此，目前已经广泛研究，并在实践中使用的寄存器分配算法都属于启发式算法，这类算法一般不能保证肯定能求得问题的最优解，但能保证在合理的时间范围内，求得问题的有效解。

寄存器分配是一个复杂问题，总的来说，寄存器分配问题需要解决三个相互关联的核心问题：

(1) 分配（allocation）。编译器需要将 n 个变量分配到 K 个物理寄存器中，显然，当 $n \leqslant K$ 时，该问题的解是平凡的。而当 $n > K$ 时，这个问题从概念上又可以分成两个子问题：

（i）分配（allocation）：先从 n 个变量中选择 K 个作为分配的候选变量，这 K 个变量将肯定被分配到物理寄存器中（注意到这里用的术语"分配"，和第一点中使用的术语重复，在下面的讨论中，我们将结合上下文对它们进行区分）。

（ii）指派（assignment）：将上述步骤选择的 K 个变量，指派给 K 个物理寄存器，这显然是个一一映射的过程。

编译器实现者需要深入理解这两个阶段的微妙和复杂性，并理解这两个阶段对最终性能的影响。我们在后续章节讨论具体分配算法时，还会深入讨论这两个阶段。

(2) 溢出（spilling）。如果物理寄存器的数量不够使用，则编译器必须把一部分变量分配到内存中，这个过程称为溢出，在溢出阶段，编译器实现者要做一系列设计决策：该选择把哪些变量溢出？是否要对溢出的变量进行二次分配？等等。这些决策很大程度上决定了编译器实现的复杂程度，以及最终生成代码的质量。

(3) 接合（coalescing）。对于数据移动语句 $y = x$，如果编译器能够把这两个待分配变量 x 和 y 分配到同一个物理寄存器 r 中，则分配完成后的语句 $r = r$ 是平凡的，可以被移除，这个过程称为接合。

一个高质量的编译器，必须在尝试高效的同时解决上述三个问题，并在目标出现冲突时进行权衡和取舍。

本书的核心内容是全面讨论全局寄存器分配问题及其有效求解算法，由于该问题的固有难度，我们将深入讨论该问题的各种模型，以及基于各种模型的分配算法。本书的核心内容也将按照对寄存器分配问题的模型展开。

在第 2 章，我们将讨论寄存器分配的图着色模型，这是寄存器分配领域中很早也是应用很广泛的模型,在这个模型中,寄存器分配问题被抽象成一个对干涉图的图着色问题(图着色是图论中的一个经典问题)。我们将讨论在干涉图上的着色、溢出、接合的各种算法,并讨论算法的具体实现策略和复杂度,等等。

在第 3 章,我们将讨论线性扫描寄存器分配,在这种分配策略中,我们将分析变量的活跃区间,活跃区间是描述变量活跃性的更粗粒度的一种抽象;我们将讨论基于活跃区间的线性扫描分配算法、溢出和接合的实现等内容。基于变量活跃区间,编译器能够在线性时间内完成寄存器的分配,运行效率较高。正因为其运行高效,这一算法被广泛应用在即时编译等很多对编译时间敏感的场景中。

在第 4 章,我们将讨论弦图分配,在这种寄存器分配策略中,我们要构造程序的干涉图并将该图视为(近似)弦图,并基于弦图的理论对该干涉图进行基于完美消去序列的节点消去;我们还要讨论在弦图上的溢出和接合等问题。实际程序的干涉图很多都是弦图(实验统计数据表明,典型 Java 的测试集中产生的干涉图,超过 95% 都是弦图),基于弦图的寄存器分配的算法不复杂、运行效率较高且能够产生满意的分配结果,因此,弦图分配是一种很有价值的分配算法。

在第 5 章,我们将讨论基于静态单赋值(Static Single-Assignment, SSA)形式的寄存器分配,SSA 形式是现代编译器中广泛采用的一种中间表示,它使得很多程序分析和程序优化更容易进行,其中也包括寄存器分配(优化)。在这种分配策略中,我们首先构建程序的 SSA 表示,并构造 SSA 表示的干涉图,理论上可以证明:SSA 表示的干涉图总是弦图,这个性质可以使得我们基于弦图的理论对 SSA 形式的程序进行寄存器分配;在本章,我们还将讨论 SSA 形式上的溢出、接合、ϕ 节点消去等问题。SSA 形式上的寄存器分配尽管需要额外构造程序的 SSA 表示,但由于其分配算法运行高效,且存在有效的启发式算法进行溢出和接合,已成为非常有竞争力的分配算法。

在第 6 章,我们将讨论基于整数线性规划(Integer Linear Programming, ILP)的寄存器分配,在这种分配算法中,变量的寄存器分配问题被建模成整数变量间的线性约束,这些约束可用约束求解器进行求解,求得的解可被还原成寄存器分配的结果。尽管理论上整数线性规划是 NP 完全难度的,但是对于大多数实际程序的分配,这种分配算法可高效地得到问题的最优解,因此,这种寄存器分配算法经常被用作寄存器分配算法性能评测的基准。

在第 7 章,我们将讨论基于划分布尔二次问题(Partitioned Boolean Quadratic

Problem，PBQP）的寄存器分配算法，二次分配问题是运筹学中的一个重要研究课题。在这种分配算法中，变量的寄存器分配问题被抽象成划分布尔二次分配问题，问题交由求解器进行求解，求得的解被还原成寄存器分配的结果。和整数线性规划的复杂度类似，基于划分布尔二次问题的寄存器分配算法，理论上同样是 NP 完全难度的，但使用适当的启发式策略，我们可高效地得到问题的可行解。

本书将全面讨论对寄存器分配的各种求解策略和算法，并对这些求解策略进行评价和比较。但由于寄存器分配问题的理论上的难度，没有一个算法是完美并普适的，编译器实现者需要针对具体问题的特点并根据具体的实现目标，选择合适的分配算法，在各个因素间取得平衡。寄存器分配问题，非常好地体现了编译原理这个学科理论和实践高度结合，且艺术性和工程性高度统一的特征。

1.5 深入阅读

控制流图是一种经典的编译器中间表示，在许多编译教材中都有讨论，如文献 [2,3,4,5,6,7,8]；文献 [9] 讨论了控制流分析和控制流图。

在 20 世纪 60 年代，贝尔实验室的Vyssotsky[1] 就引入了数据流分析的概念；Cocke[10] 给出了第一个全局数据流分析的算法，Kildall[11] 给出了基于不动点和迭代的数据流方程求解算法。活跃分析的思想最早起源于编译器对自动存储分配的需求[12]，Beatty[13] 在 IBM 的技术报告中最早定义了活跃分析，Lowry 等人[14] 讨论了“忙碌”变量，并用这个信息来进行死代码删除和研究干涉；这个算法在后来也被形式化为全局数据流分析问题[15, 16]。文献 [17] 对静态程序进行了深入讨论，其中第 2 章详细讨论了数据流分析问题；Khedker 等人[18] 对数据流分析问题进行了深入讨论，并给出了许多重要应用。

寄存器分配是编译原理中古老的研究课题，在早期的 Fortran 编译器中就包括局部寄存器分配优化[19, 20]，这个算法也用到了很多其他场景中，例如，Belady 给出了离线页面替换算法[21]。

Lavrov[12]最早提出了图着色问题和寄存器分配问题直接的密切联系；Chaitin 等人[22, 23, 24] 在 IBM PL.8 编译器中第一次完整地实现了基于图着色的寄存器分配算法；Poletto 等人[47] 提出了线性扫描寄存器分配算法；Pereira 等人[25] 研究了基于弦图的寄存器分配算法；Hack 等人[70] 研究了基于 SSA 形式的寄存器分配；Goodwin 等人[26] 最早引入了 0-1 整数线性规划来研究寄存器分配问题；Scholz 等人[27] 最早给出了基于划分布尔二次问题的寄存器分配算法。

Bouchez 等人[28] 讨论了寄存器分配问题的 NP 完全复杂度。

第 2 章　图着色分配

基于图着色的寄存器分配首先构建待分配程序的干涉图，并通过对干涉图进行着色完成寄存器分配；尽管该算法实现起来较为复杂，且时间复杂度较高，但一般它能够得到寄存器分配问题的近似最优解。基于图着色的寄存器分配算法是历史最久、研究最深入，也是应用最广泛的一类寄存器分配算法。图着色寄存器分配不仅本身就是一类重要的分配算法，而且也是我们后续章节要讨论的弦图分配和 SSA 分配的重要基础。本章讨论基于图着色的寄存器分配算法，首先讨论图着色的基本思想；然后讨论基于 Kempe 定理的分配算法；最后讨论基于图着色的溢出和接合的实现及各种策略。

2.1　基 本 思 想

在第 1 章中，我们讨论了干涉图，对任意给定的程序 P，都可以构造其对应的干涉图 $G=(V,E)$：干涉图 G 的节点 V 由程序 P 中的变量 x 组成，干涉图的无向边 $(x,y)\in E$ 刻画了变量 x 和 y 间的干涉关系。

假设目标机器上一共有 K 个物理寄存器，则寄存器分配问题可描述成：把这 K 个寄存器分配到干涉图 G 中的每个节点 x 上，使得有边相连的节点 (x,y) 所分配的寄存器不能相同。假想每个寄存器都有一个互不相同的颜色，则这个问题可等价地描述成：给定 K 种颜色，用它们给干涉图 G 的每个节点着色，使得相邻的节点不同色。这样，寄存器分配问题就转换成了对无向图的图着色问题（Graph Coloring，GC），后者是图论中的一个经典问题。

例如，考虑第 1 章中给出的干涉图 1.4，不难验证：若对该图能够成功进行着

色，所需的颜色数量

$$K \geqslant 3$$

为了证明寄存器分配问题和图着色问题是等价问题，我们还需要证明如下结论：每个图着色问题，可以转换为某个程序的寄存器分配问题。为此，我们证明如下的定理。

定理 2.1 (Chaitin)　对于任意给定的无向图 $G = (V, E)$，都存在一个程序 P，使得对 P 进行活跃分析，并构造对应的干涉图后，该干涉图正好是图 G。

证明（基于构造法）　对图 G 中的任意一条无向边 $(x, y) \in E$，我们可以构造如下程序片段：

```
1  x = 0;
2  y = 1;
3  t = x+y;
4  goto L;
```

其中t 是一个在 P 中不出现的新变量，L 是一个公用标号，其对应的代码为

```
1  L:
2    return t;
```

不难验证，对该程序 P 进行活跃分析后，构建的干涉图正好是图 G（除了单独的节点 t 之外）。 □

考虑干涉图 1.4，按照上述定理，为其构造的程序 P 如图 2.1所示。请读者根据图 2.1，画出该程序对应的干涉图。由此可注意到，根据给定的干涉图，构造的程序不是唯一的。

图论中的经典结果表明：对一般的无向图进行着色，其难度是 NP 完全的。由上述定理，按照图着色思想进行寄存器分配，其难度也是 NP 完全的。一般地，如下这些问题的难度也都是 NP 完全的：

(1) 给定一个无向图 G，对该图进行着色，需要最少的颜色种数 K 是多少？

(2) 给定一个无向图 G，是否能够用 K 种不同的颜色，对其完成着色？

尽管基于图着色的寄存器分配是一个 NP 完全的困难问题，但是，我们采用合适的启发式策略，并结合精细的数据结构选择和工程实现，可以在合理的时间内得到足够好的近似最优解，这正是我们在本章要讨论的主要内容。

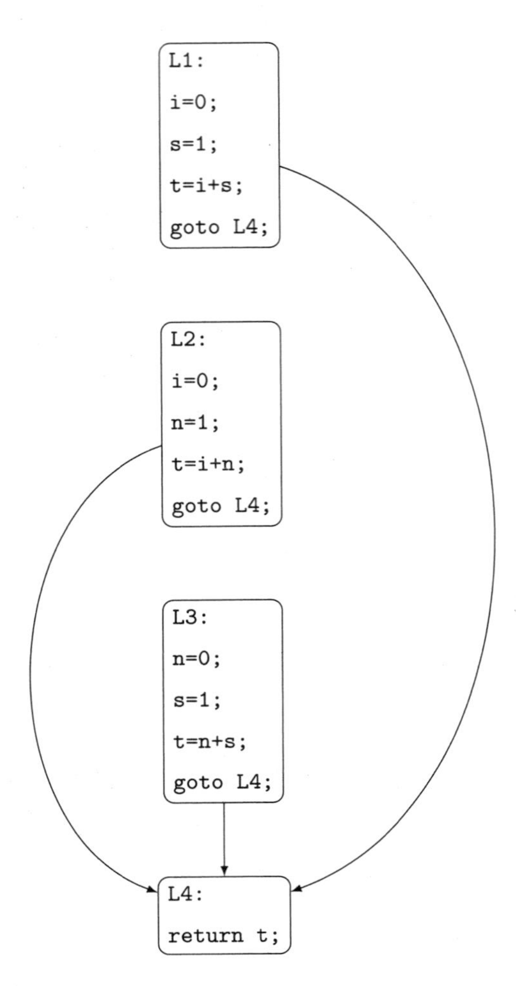

图 2.1 满足示例无向图构造的程序

2.2 Kempe 算法

给定无向图$G=(V,E)$和 K 种可用的颜色，如果图 G 中的某个节点 x 的度

$$degree(x) < K$$

则称节点 x 为小度节点（insignificant node）；否则称节点 x 为大度节点（significant node）。如果能够用 K 种不同的颜色给图 G 完成着色，则称图 G 是 K 可着色的（K-colorable）。

2.2.1 Kempe 定理及其应用

对给定的图 $G = (V, E)$ 进行着色，可用到如下的定理。

定理 2.2 (Kempe) 如果图 $G = (V, E)$ 中存在某个小度节点 p，把节点 p 及其关联的边都从图 G 中移除后，得到的图记为 G'；如果图 G' 是 K 可着色的，则原来的图 G 同样是 K 可着色的。

证明 图 G' 是 K 可着色的，把节点 p 及其关联的边重新加回 G'，由于节点 p 是小度节点，因此其在图 G' 中的邻接点不超过 $K-1$ 个，因此至少可以给节点 p 分配一种颜色，从而证明图 G 同样是 K 可着色的。 □

基于 Kempe 定理，我们可给出如下的贪心算法 kempe()，该算法在移除图 G 中小度节点的同时，对节点完成着色。

```
1  void assign_color(int K, node n){
2    colors = {};
3    for(each adjacent node x of n){
4      colors += color_of(x); // a set of colors
5    }
6    color c = select(K, colors);
7    n.color = c;
8  }
9
10 void kempe(graph G, int K){
11   for(each insignificant node n from G){
12     assign_color(K, n);
13     remove(n, G); // remove the node n from graph G
14   }
15 }
```

该算法接受无向图 G 和可用的颜色数目 K 为参数，算法每次从图 G 中选择一个小度节点 n，调用 assign_color() 函数对节点 n 着色，最后，调用 remove() 函数将节点 n，以及与节点 n 相关的边从图 G 中移除；循环继续进行，对剩余的图重复上述过程。函数 assign_color() 从 K 种候选颜色中，给节点 n 选择一种颜色，它首先将节点 n 所有邻接点的颜色记录在集合 $colors$ 中，然后从 K 种颜色中选取不在 $colors$ 中出现的某种颜色 c，并将颜色 c 赋给节点 n。

对算法 kempe(),还有两个关键点需要注意:第一,在算法的第 6 行,我们总假定有剩余的颜色可选,即

$$|colors| < K$$

而在算法的第 11 行,我们总假定图 G 中始终有小度节点 n,即

$$degree(n) < K$$

直到图 G 为空为止;否则,如果两个条件不满足,则对图 G 的着色过程失败,算法需要进一步进行处理,我们将在 2.3 节讨论这种情况。

第二,算法第 13 行会从图 G 中移除节点 n,这个操作会产生一个“级联”效应,即会使得 n 的邻接点的度减少 1,从而使得第 11 行的循环判断更倾向于成功,从这个角度看,这个操作降低了对图 G 着色的难度。

考虑图 1.4 中给定的干涉图,且假定可用的颜色数 $K = 3$(编号分别为 1,2 和 3):

首先,算法给节点 n 分配颜色 1(我们用记号 n;1 表示将节点 n 涂成颜色 1,下同),并将节点 n 从图中移除,这将得到如图 2.2 所示的子图。

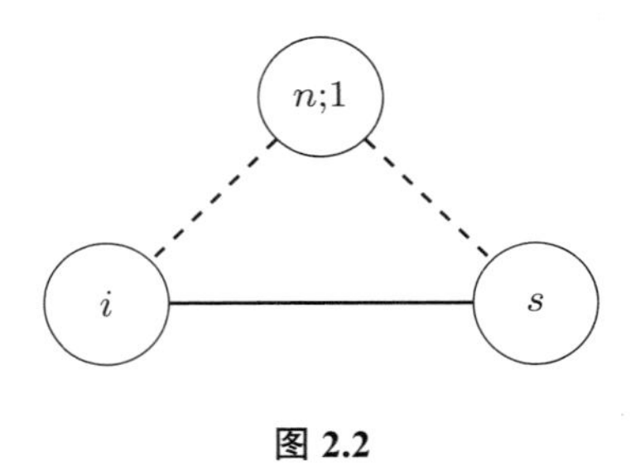

图 2.2

注意到节点 i 和 s 的度都已经减少为 1;接下来,我们继续对节点 s 着色(分配了颜色 2),并将其从图中移除,得到如图 2.3 所示的子图。

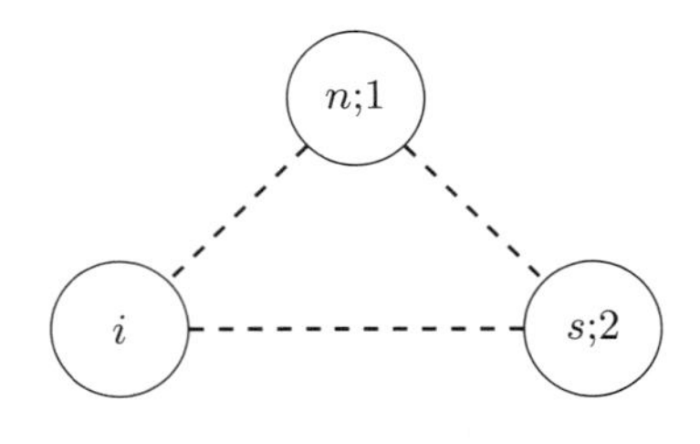

图 2.3

最后，算法给节点 i 着色，注意到此时只有唯一的一种颜色可选，如图 2.4 所示。

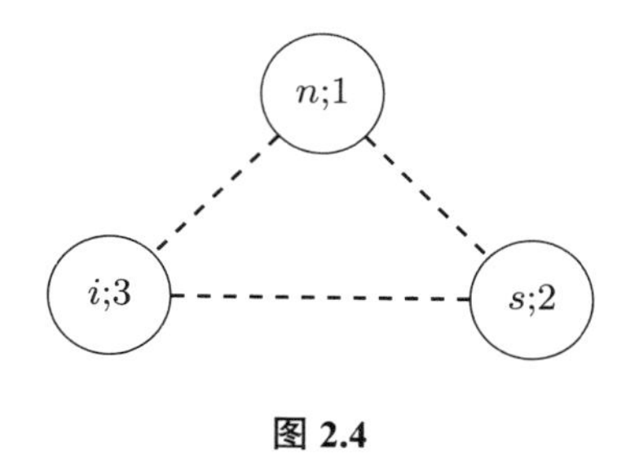

图 2.4

最终，算法用 3 种颜色成功地对图完成了着色，由于我们上面证明过该图的最小着色数为 3，读者可自行尝试颜色数量为 2 时的情况。

2.2.2　乐观着色

Kempe 算法的着色过程发生在某个节点 n 移除之前，我们可称这个着色策略为悲观着色（pessimistic coloring）或急切着色（eager coloring），尽管这种着色策略实现起来比较直接，但它要求图中必须始终存在小度节点，在实际中，这个要求可能过于严格，导致算法对有些原本 K 可着色图着色失败。

例如，考虑如图 2.5(a) 所示的干涉图，在给定 $K=2$ 的前提下，不难验证该图是 2 可着色的，一种可能的着色方案见图 2.5(b) 的着色结果。

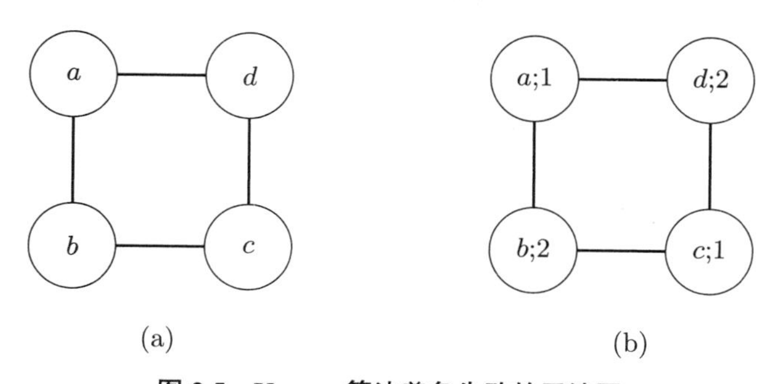

图 2.5　Kempe 算法着色失败的干涉图

但由于图 2.5(a) 的干涉图中不存在度小于 2 的小度节点，因此 Kempe 算法无法完成对该图的着色。为了解决这个困难，我们可以把 Kempe 算法的"节点着色"和"节点移除"两个操作的顺序进行交换，即先逐个移除图 G 的节点，直到图

G 为空；然后，再逐个把节点加回图中，并同时尝试给该节点着色。同时，在这个过程中，我们引入乐观策略（optimistic heuristic），即当图中所有节点都是大度节点时，我们仍然从中选择一个大度节点，并移除该节点（我们在 2.3 节将讨论大度节点的移除策略），乐观地期待当该节点重新加回图中时，仍能够分配合适的颜色。

引入上述乐观着色策略后，Kempe 算法可改造成：

```
1  // a stack to hold all removed nodes
2  stack stk = [];
3
4  void assign_color(int K, node n){
5    colors = {};
6    for(each adjacent node x of n){
7      colors += color_of(x); // a set of colors
8    }
9    color c = select(K, colors);
10   n.color = c;
11 }
12
13 void kempe_opt(graph G, int K){
14   // remove all nodes from the graph G
15   while(G is not empty){
16     node n = remove(G);
17     push(stk, n);
18   }
19   // add all nodes back into the graph G
20   while(stk is not empty){
21     node n = pop(stk);
22     assign_color(n);
23   }
24 }
```

算法 kempe_opt() 接受待着色的图 G 和可用的颜色数 K 作为参数，对图 G 进行着色。算法引入了一个栈 stk，用来临时保存从图 G 中移除的所有节点；算法的主体包括两个循环，第一个循环（第 15~18 行）从图 G 中逐个移除每个节点 n，并把它们压入栈 stk 中，需要注意的是在这个步骤中，我们使用了乐观策略，即没有考虑节点是大度节点还是小度节点。

算法的第二个循环（第 20~23 行）从栈 stk 中依次弹出每个节点 n，并添加回图 G 中，在添加节点的过程中，同时调用函数 assign_color()，尝试给该节点着色；着色函数 assign_color() 的算法代码和第一个版本 kempe() 算法保持一致。

以图 2.5 中的干涉图为例，第一个阶段的循环将所有节点从图 G 中移除，图 G 和栈 stk 的最终状态如图 2.6(a) 所示，节点的移除顺序为 a,b,c 和 d。

第二个阶段的循环将栈 stk 中的节点弹出，并重新加回图中；在将节点 d 和 c 先后从栈 stk 中弹出并重新加回图 G 中后，栈 stk 和图 G 的状态如图 2.6(b) 所示，可以看到节点 d 和 c 分别被着色 1 和 2。我们把剩余的步骤作为练习留给读者。

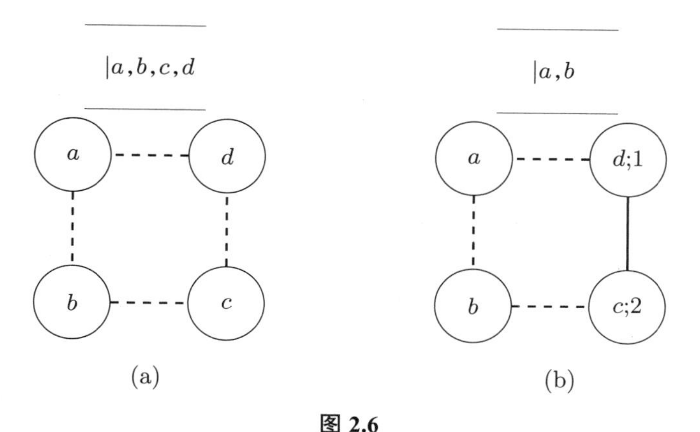

图 2.6

2.3　溢　　出

上面小节讨论的 kempe_opt() 算法尽管实现起来比较简单，但其乐观着色并不一定总能成功，具体地，在给节点 n 选择颜色的 select() 函数中，如果节点 n 的所有邻接点已经占用了所有 K 种颜色，则对节点 n 的着色失败。

例如，重新考察我们前面讨论过的如图 1.4 所示的 3 阶完全图，如果只有两种颜色，即 $K=2$，则无法完成对该图的着色（请读者自行证明更一般的结论：对于 n 阶完全图 K^n，无法用少于 n 种颜色对 K^n 完成着色）。

在这种情况下，我们必须把节点 n 对应的变量存放到内存中（一般是函数的栈帧中),这个过程称为溢出(spilling)。

假定寄存器分配完成后,变量 x 发生了溢出,并且 x 被保存在函数栈帧 l_x 的偏移处,我们称 l_x 为变量 x 的溢出地址。对程序中变量 x 的定义和使用如下:

```
1 x = ...; // def
2 ...;      // "x" is live here
3 ... = x; // use
```

我们必须重写代码,以反映变量 x 被溢出到内存的事实,这个过程称为程序重写。对变量 x 的定义,被重写成对变量 x 溢出地址 l_x 的写操作;对变量 x 的使用,被重写成对变量 x 溢出地址 l_x 的读操作。因此,上述代码会被重写成:

```
1 x1 = ...;
2 [l_x] = x1;
3 ...;          // neither x1 nor x2 is live here
4 x2 = [l_x];
5 ... = x2;
```

注意到对于变量 x 的定义和使用,我们分别引入了两个新的变量 x_1 和 x_2,并插入了对 x 溢出地址 l_x 的存储和读取操作。

关于变量溢出,还有两个关键点要特别注意。第一,为重写读写操作引入的新变量 x_1 和 x_2 都不能再次溢出(unspillable),即它们必须被分配到物理寄存器里。这有两个具体原因:一是从概念上看,变量 x_1 和 x_2 分别代表访存操作的源操作数和目的操作数,它们都是虚拟寄存器;二是从技术层面看,即便再次溢出变量 x_1 或 x_2 ,也不会带来实际的收益。不妨以继续溢出变量 x_1 为例(假设变量 x_1 的溢出地址是 l_x1),则上述代码被重写为:

```
1 x3 = ...;
2 [l_x1] = x3;
3 x4 = [l_x1];
4 [l_x] = x4;
5 ...;
6 x2 = [l_x];
7 ... = x2;
```

可以看到:新引入的变量 x_3 和 x_4 的活跃区间长度都是 1,和变量 x_1 的活跃区间长度相同。

第二,需要注意到溢出的本质作用是减小变量的活跃区间,而不是减少变量的个数。以上述示例程序为例,在将变量 x 溢出后,我们引入了新的变量 x_1 和 x_2,变量的个数增加了 1;尽管如此,两个新引入的变量 x_1 和 x_2 活跃的范围都更小了,例如,它们都不在第 3 行代码处活跃,亦即两个变量 x_1 和 x_2 都具有更精细的活跃区间,我们将在第 3 章深入讨论活跃区间的概念,以及相应的寄存器分配算法。

2.3.1 溢出着色

引入溢出后,整个寄存器分配算法将进行迭代,其结构是:

```
build --> simplify --> select --> spill --> rewrite-->
/\                                        |
|-----------------------------------------
```

其中每个阶段完成的工作分别是:

(1) build:构造程序 P 的干涉图 G;

(2) simplify: 基于 Kempe 定理, 移除干涉图 G 中的每个节点 n, 并压入栈 stk;

(3) select:将从栈 stk 中弹出节点 n,并重新加回图 G,并同时尝试为节点 n 着色;

(4) spill:若上一步对节点 n 着色失败,则将该变量 n 标记为溢出;

(5) rewrite:根据标记的溢出变量 n,对程序 P 进行重写,得到程序 P',算法跳回到第一步 build,为重写完的程序 P' 构造新的干涉图 G',并重复执行上述步骤,算法反复迭代,一直到着色成功为止。

根据该结构,我们可给出算法 color() 的伪代码如下:

```
1  // to hold all removed variables
2  stack stk = [];
3
4  // assign color to a node "n",
5  // the valid color is in range [0, K-1], as there are K colors,
6  // return the color "c" for success,
7  // whereas return -1 for failure.
```

```
8  int assign_color(int K, node n){
9    colors = {};
10   for(each adjacent node x of n){
11     colors += color_of(x); // a set of colors
12   }
13   color c = select(K, colors);
14   if(c is valid){
15     n.color = c;
16     return c;
17   }
18   return -1;
19 }
20
21 program rewrite_program(program p, node n){
22   location l_n = generate_location();
23   for(each def "n = ..." in p){
24     n1 = gen_fresh_var();
25     p = rewrite as "n1 = ...; [l_n] = n1;";
26   }
27   for(each use "... = n" in p){
28     n2 = gen_fresh_var();
29     p = rewrite as "n2 = [l_n]; ... = n2;";
30   }
31   return p;
32 }
33
34 void color(program p, int K){
35 START:
36   // Step #1: build the interference graph "G"
37   graph G = buildIG(p);
38   // Step #2: simplify the interference graph "G"
39   while(G is not empty){
40     node n = remove(G);
41     push(stk, n);
42   }
```

```
43    // Step #3: select color
44    while(stk is not empty){
45      node n = pop(stk);
46      c = select_color(n);
47      if(c==-1){ // no color for n
48        mark_spill(n); // Step #4: spill
49      }
50    }
51    if(there is spilled variable){
52      // Step #5: rewrite
53      for(each spilled node n){
54        p = rewrite_program(p, n);
55      }
56      // restart the whole process
57      goto START;
58    }
59  }
```

算法 color() 接受待进行寄存器分配的程序 P 和可用的寄存器数量 K 作为输入参数,并依次执行上述讨论的 5 个步骤,完成对程序 P 的寄存器分配。

需要注意的是该算法的第 3 个步骤,如果对节点 n 的着色过程失败,则算法标记变量 n 是个需要被溢出的节点;接着,算法在第 51 行判断是否有变量发生了溢出,如果没有,则对程序的寄存器分配成功,算法运行结束;否则,算法继续执行第 5 个步骤,即对每个溢出变量 n,对其定义和使用进行重写,并跳转回 START 点,重新迭代执行该算法,直到着色成功为止。

对于图 1.4 中给定的干涉图,假设我们有两种颜色,即 $K = 2$,分别对应物理寄存器 r_1 和 r_2。在上述算法 color() 第一遍执行时,着色过程失败,并且编译器决定溢出变量 i(这里对溢出变量的选取是随意的,也可以选择变量 s 或 n,不影响正确性,在 2.3.2 小节,我们将讨论溢出策略),其溢出地址是 l_i,则编译器将程序改写成如图 2.7 所示的程序。

编译器对图 2.7 中重写过后的程序,重新构造干涉图,并重新进入图着色算法的迭代执行,我们把构造新的干涉图的过程以及算法剩余的执行过程作为练习留给读者。(这里我们想再次强调:图 2.7 中新引入的变量 i_1, i_2, i_3, i_4 和 i_5 是不可溢出的。)

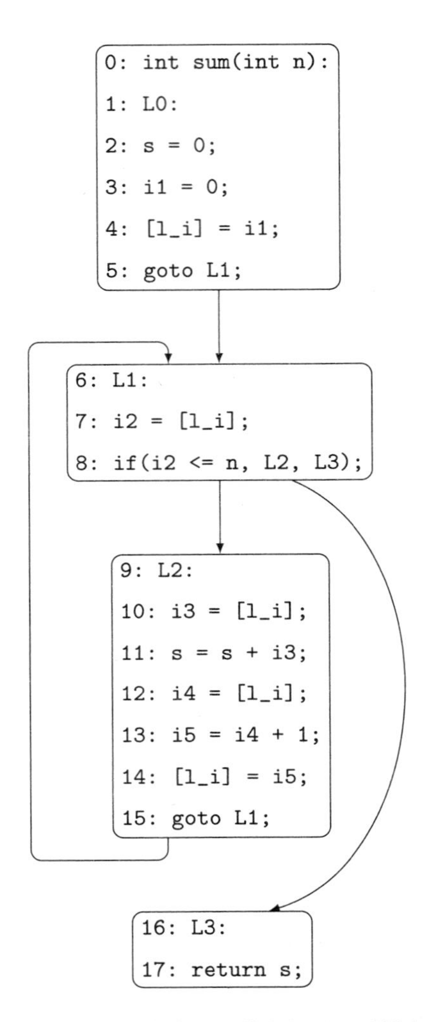

图 2.7 溢出变量 i 并进行重写后的程序

细心的读者可能已经注意到:编译器选择溢出变量 i 未必是最优方案,直观上,变量 i 的定义和使用点比较多,因此,编译器溢出变量 i,也导致生成了较多的新的临时变量(5 个),并插入了较多的(5 条)数据加载和存储的访存指令。作为对比,假设编译器决定溢出变量 n,而不是 i,则重写后的程序如图 2.8 所示。

编译器仅引入了 1 个新的变量 n_1,且仅添加了 1 条数据加载指令。类似地,我们也可以考虑溢出变量 s 的情况,我们把这个情况作为练习留给读者。

这个示例表明,编译器对变量溢出的决策,会影响最终生成代码的形状,进而影响程序的运行效率，因此，编译器必须精心选择要溢出的候选变量，我们将在下一小节继续深入讨论这个课题。

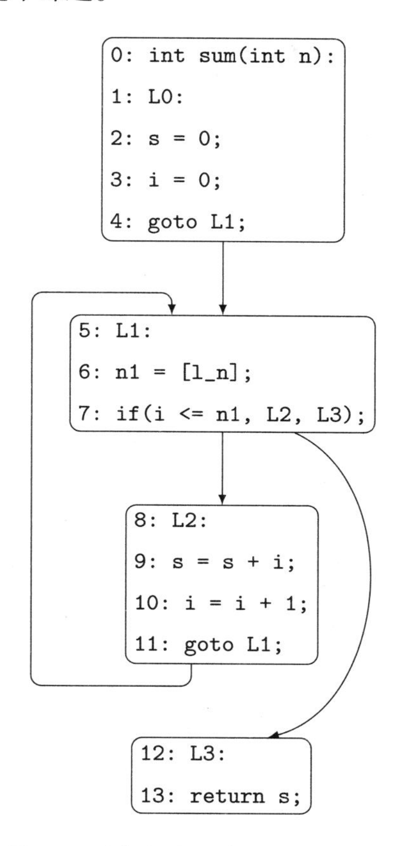

图 2.8　溢出变量 n 并进行重写后的程序

2.3.2　溢出策略

在溢出阶段，如果有多个变量都有可能作为溢出的候选，那么编译器要做的重要决策是决定要溢出哪个（或哪些）变量。直观上，因为溢出变量被保存到内存中，对其进行访问涉及访存操作，其时间开销比访问寄存器更高，因此，编译器应该选择溢出“更少使用”的变量以便降低访存开销。如果变量的使用情况都相同，则编译器要溢出在干涉图度更大的变量，以便尽可能降低更多邻接点的度。编译器做这个决策的依据，被称为溢出策略（spill heuristic）。

显然，一种非常精细的溢出策略是编译器（或者运行时系统）在程序运行过程中动态收集程序的动态运行概要信息（data profiling），并根据变量的访问信息（如访问次数）来决定溢出哪个变量。这种动态信息比较精确，但要求编译器具有动态信息收集的机制，因此这种动态策略更多地用在即时编译（Just-In Time compilation，JIT）等场景中。

在静态编译器中，如果没有动态运行数据收集支持，编译器可以使用静态代码分析技术，对变量使用情况做一个近似估计，给每个变量溢出的效果做一个代价评价，该评价用于指导变量溢出的决策。

对于给定的程序变量 x，我们引入一个代价函数

$$cost(x) = \frac{\sum_n (def_n(x) + use_n(x)) \times 10^n}{degree(x)} \tag{2.1}$$

该函数对变量 x 的溢出代价 $cost(x)$ 的计算分成两个步骤：第一个步骤，我们给程序代码的每层循环由外向内按嵌套层级进行标号，最外层标记为 0，向内嵌套的一层标记为 1，等等；我们记变量 x 在第 n 层嵌套循环中出现的定义和使用的次数分别为 $def_n(x)$ 和 $use_n(x)$，则对所有循环层次 n 的累加值

$$\sum_n (def_n(x) + use_n(x)) \times 10^n \tag{2.2}$$

计算了每个变量 x 的累积权重，注意到权重系数 10^n 反映了内层循环权重更高的事实。

第二个步骤，我们将变量 x 的累积权重（式 2.2），除以该变量对应节点的度 $degree(x)$，得到变量 x 的溢出代价 $cost(x)$。

根据式（2.1），显然变量 x 代价值 $cost(x)$ 越小，变量 x 溢出的优先级越高。考虑图 1.2 中给出的求和函数的例子，我们对变量的溢出代价计算如表 2.1 所示。

表 2.1

变量	权重	度 $degree(x)$	代价 $cost(x)$
n	$1+1\times 10^1=11$	2	5.5
s	$1+1+2\times 10^1=22$	2	11
i	$1+3\times 10^1=31$	2	15.5

从溢出代价 $cost(x)$ 可以得到，我们应该优先选择溢出变量 n，请读者自行分析并给出选择溢出变量 n 后，图着色和程序重写的结果。

2.4 接　　合

考虑图 2.9 中的示例程序，注意到变量 b 和 d 互相并不干涉，如果编译器能够

```
1  a = 0;
2  b = 1;
3  b = b + a;
4  c = 2;
5  c = c + a;
6  b = b + c;
7  d = b;
8  print(d);
```

图 2.9　可以进行接合的示例程序

恰好把变量 b 和 d 分配到同一个物理寄存器中（假设该寄存器是 r），则上述代码第 7 行的语句会重写成：

```
1  r = r;
```

于是上述分配后得到的语句可被后续的窥孔优化移除，从而减少一次无用的同一寄存器 r 间的数据移动。

一般地，如果一条数据移动指令

$$y = x$$

的目标变量 y 和源变量 x 互不干涉，则编译器可尝试将其分配到同一个物理寄存器中，这个优化过程被称为*接合*（coalescing）。

为了在干涉图中表示接合，我们用虚线边连接数据移动语句中的互不干涉的源和目的变量，并且称这种边为*移动边*（move-related edges）。例如，对于本节开始的示例程序，其干涉图如图 2.10 所示。

其中 (b,d) 就是一条移动边。这样，我们可以基于干涉图这个统一框架，同时研究着色、溢出和接合。

接合也是寄存器分配器引入的一种优化，其带来的代码优化效果包括（但不限于）：① 减少数据移动；② 降低溢出的可能。其中第一点我们已经讨论过了，对

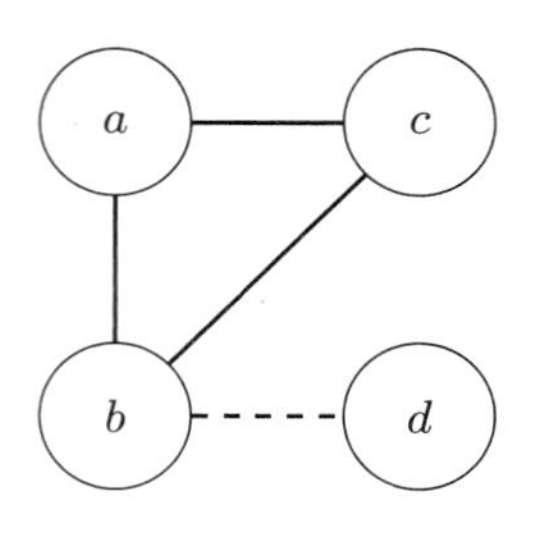

图 2.10

于第二点,考虑图 2.11(a) 的干涉图,假定可用颜色数 $K = 2$,则在这种着色策略下,节点 x 由于没有颜色可供分配而发生溢出;而对于图 2.11(b) 的干涉图,接合把节点 y 和 z 染成了相同颜色,变量 x 不会溢出。

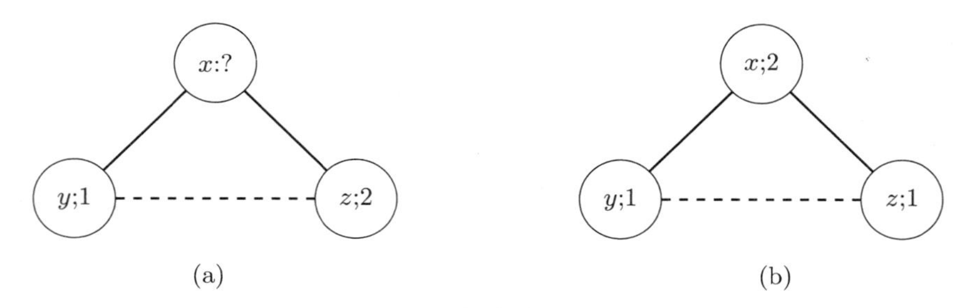

图 2.11 接合减小溢出

编译器实现接合,也要基于一定的启发式策略,按照这些策略对节点接合的标准以及接合发生的时机,进行分类,接合可分成如下几类:

(1) 激进接合:编译器在构造干涉图 ig 过后,就立即将所有的移动边进行接合。

(2) 保守接合:编译器按照一定的保守策略,只对部分移动边进行接合。

(3) 迭代接合:编译器仍然进行保守接合,但接合和寄存器分配的图化简等其他阶段,交替迭代进行。

我们在下面几个小节,深入讨论这些不同的接合策略。

2.4.1 激进接合

在激进接合(aggressive coalescing)策略中,编译器构造程序的干涉图后,先通过合并所有移动边涉及的节点,然后从图中移除所有移动边,算法的整个流程是:

```
build --> coalesce --> simplify --> select --> spill --> rewrite-->
/\          |                                              |
|------<---------------<-----------------------------------
```

上述六个阶段中的 build、simplify、select、spill、rewrite 等五个阶段，我们已经在上一节讨论过，接下来我们重点讨论新增加的接合阶段 coalesce。

步骤下方的箭头意味着：如果发生了接合，则程序会被重写，然后重新构建干涉图。其中接合的算法如下：

```
1  // merge two variables "x" and "y" in the program "p",
2  // return the result program.
3  program merge(program p, node x, node y){
4    node x&y = fresh_node();
5    for(each variable "x" in program p)
6      p = replace(p, x, x&y);
7    for(each variable "y" in program p)
8      p = replace(p, y, x&y);
9    p = delete_statement(p, "x=y");
10   return p;
11 }
12
13 // to coalesce any move-related edge,
14 // return the new program being rewrittened.
15 program coalesce(program p, graph ig){
16   for(each move statement "y=x" in program p)
17     if(edge (x, y) is not in graph ig)
18       p = merge(p, x, y);
19   return p;
20 }
```

接合算法 coalesce() 接受程序 P 及其干涉图 ig 作为输入，算法依次扫描程序 P 中的每条移动语句 $y=x$，如果语句中的两个变量 x 和 y 互相不干涉，则算法调用 merge() 函数将变量 x 和 y 合并。

合并函数 merge() 接受程序 P 和待合并的变量 x 和 y 作为参数，它首先生成一个新的变量 $x\&y$（注意，在典型的高级语言中，$x\&y$ 一般不是一个合法的变量名，但我们在这里讨论的是编译器中间表示，变量名命名不受高级语言规则的限制，且该变量名比较直观地编码了合并前变量的名字），并且用两个循环，依次把程序中出现的变量名 x 和变量名 y，都替换成新变量 $x\&y$，替换完成后，算法将程序 P 中原本的移动语句 $y = x$ 移除，并返回移除后的新程序。

对于图 2.9 给出的示例程序，对变量 b 和 d 进行接合后，得到结果程序如图 2.12 所示，该程序对应的干涉图如图 2.13 所示，我们把该干涉图的构建过程作为练习，留给读者。

```
1  a = 0;
2  b&d = 1;
3  b&d = b&d + a;
4  c = 2;
5  c = c + a;
6  b&d = b&d + c;
7  print(b&d);
```

图 2.12　对变量 b 和 d 完成接合后得到的程序

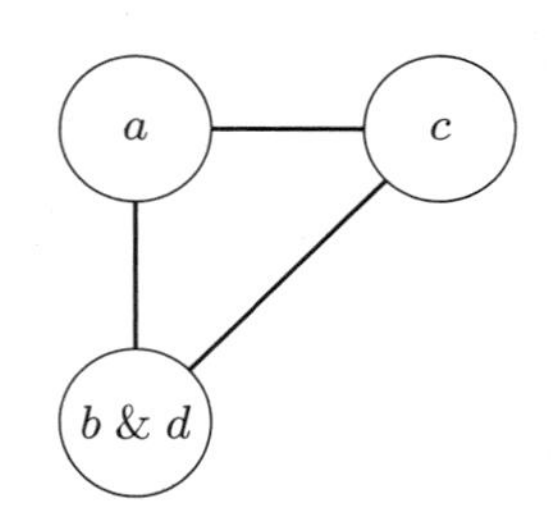

图 2.13　进行接合后程序的干涉图

接合完成后，干涉图不再含有移动边，编译器继续进行后续的化简、选择、溢出等步骤，最终完成寄存器分配。

对激进接合，还有两个关键点需要注意：第一，上述算法进行接合时，首先重写程序代码，然后对重写后的程序重新构建干涉图；我们也可以采用另外一种策略，即在重写程序的同时，同步对干涉图进行调整，这样就避免了重复构造干涉图的过程，因而可能更加高效。我们把对这个过程的具体算法实现，作为练习留给读者完成。第二，接合的本质是干涉图节点的合并过程，由于合并可能会增大节点的度，因此会让干涉图变得更难以着色，这是接合带来的一个副作用。我们将在下一小节继续深入讨论这个问题。

2.4.2 保守接合

激进接合尝试在干涉图化简前，就移除所有的移动边，这可能产生负面的结果，即会使得原本能够 K 着色的干涉图，变得不能 K 着色。考虑如图 2.14(a) 所示的干涉图。不难验证该图是 2 可着色的，但如果把移动边 (a,b) 关联的节点 a 和 b 进行接合，得到如图 2.14(b) 的干涉图不再是 2 可着色的。

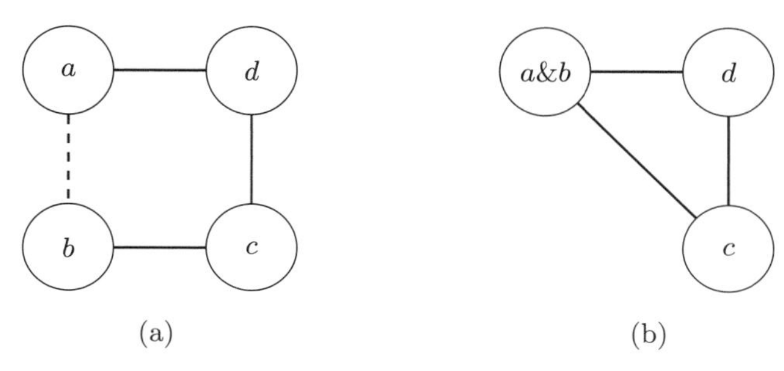

图 2.14

从执行效率角度比较，如果编译器没能移除干涉图中的某条移动边，则最终生成的代码中会有寄存器之间的数据移动；而如果编译器进行激进接合、降低了干涉图的着色性，从而可能产生溢出，则最终生成的代码会包括访存操作。一般地，寄存器间的数据移动执行效率比访存要高，因此，编译器需要在二者中进行权衡，必要时要选择保留部分移动边。

为了在接合的同时，不降低干涉图的可着色性（从而导致溢出），编译器需要引入一些启发式策略来指导接合，这类接合方式统称为保守接合（conservative coalesce）。需要注意的是，保守接合都是静态的，即编译器只完成它能静态证明为安全的接合，接合肯定不会降低干涉图的着色性；在某些情况下，如果一些实际运行时为安全的接合，无法被静态证明，则编译器放弃这些接合的机会。

一种常用的保守接合策略基于如下的定理。

定理 2.3 (Briggs) 给定干涉图 $G=(V,E)$ 和 K 种颜色，对于图 G 中的一条移动边 (a,b)，将节点 a 和 b 进行接合后，记得到的新节点为 $a\&b$，如果节点 $a\&b$ 的邻接点中大度节点的总数小于 K，则将节点 a 和 b 接合，不降低图 G 的可着色性。

证明 将图 G 中的节点 a 和 b 接合后，首先对图 G 进行化简得到图 G'，由于节点 $a\&b$ 的大度邻接点的个数小于 K，则可将节点 $a\&b$ 从图 G' 中移除，得到了原图的一个子图 G''，由于原图是 K 可着色的，则子图 G'' 仍然是 K 可着色的，即接合没有降低图的可着色性，如图 2.15 所示。 □

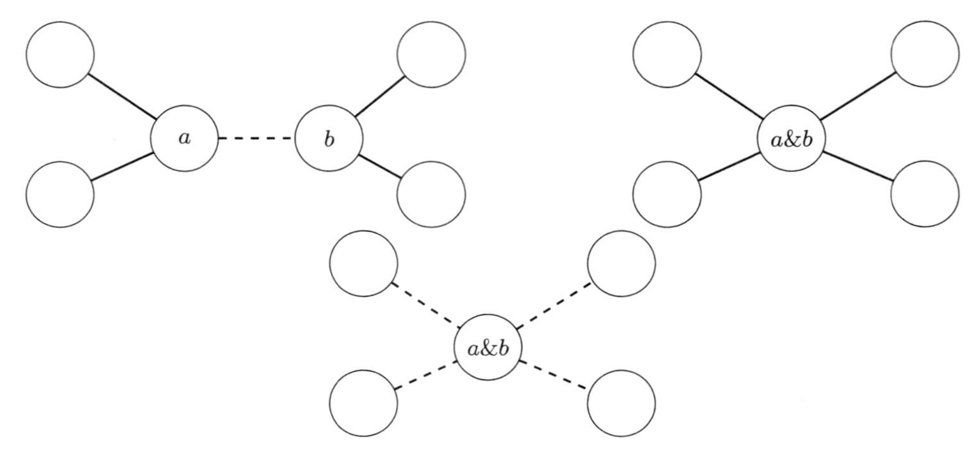

图 2.15

基于上述讨论的 Briggs 保守接合策略，我们可给出如下的接合算法 coalesce_briggs()：

```
1  // merge two variables "x" and "y" in the program "p",
2  // according to the Briggs heuristic;
3  // return the result program.
4  program merge(program p, graph ig, node x, node y){
5    node x&y = fresh_node();
6    // the Briggs heuristic
7    merge_node(ig, x, y, x&y);
8    count = 0;
9    for(each adjacent node n of x&y in ig)
10     if(degree(n) >= K)
11       count++;
12   if(count >= K){ // no opportunity to coalesce
13     undo_merge(ig, x&y);
14     return p;
15   }
```

```
16    // coalesce
17    for(each variable "x" in program p)
18      p = replace(p, x, x&y);
19    for(each variable "y" in program p)
20      p = replace(p, y, x&y);
21    p = delete_statement(p, "x=y");
22    return p;
23  }
24
25  // to coalesce any move-related edge,
26  // return the new program being rewrittened.
27  program coalesce_briggs(program p, graph ig){
28    for(each move statement "y=x" in program p)
29      if(edge (x, y) is not in graph ig)
30        p = merge(p, ig, x, y);
31    return p;
32  }
```

算法 coalesce_briggs() 接受程序 P 及其干涉图 ig 作为输入，尝试对每个移动边 $y = x$ 进行接合；算法大部分代码和激进接合中的对应代码类似，主要的区别在于 merge() 函数对节点 x 和 y 进行合并时，先要利用 Briggs 策略进行判断：算法先将节点 x 和 y 合并成新节点 $x\&y$（第 7 行）；接着，算法对节点 $x\&y$ 的大度邻接点的总数计数（第 8~11 行），如果该数值 $count \geqslant K$，则无法利用 Briggs 策略进行接合，算法将节点 $x\&y$ 恢复后返回（第 12~14 行）；否则，算法从第 16 行开始真正进行接合，并返回接合后的程序 P。

需要特别注意的是，在 Briggs 接合策略中，编译器必须将移动边相关的节点 a 和 b 接合后，才能判断新节点 $a\&b$ 的邻接点情况，这和直接判断接合前节点 a 和 b 的邻接点一般是不同的。考虑图 2.16 给出的干涉图。在接合前，节点 a 和 b 各有一个度为 2 的邻接点 c；而在接合后，节点 $a\&b$ 只有一个度为 1 的邻接点。这个事实也说明，从实现的角度看，编译器要先完成接合再进行 Briggs 条件判断，如果判断失败，则要对干涉图进行复原操作。这也意味着 Briggs 策略是个比较昂贵的接合策略。

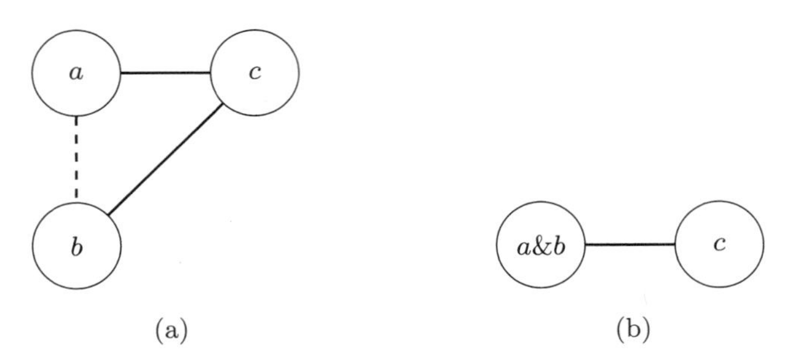

图 2.16　Briggs 接合策略的执行时机

一个更加高效的接合策略基于如下的定理。

定理 2.4 (George)　对于给定的干涉图 $G=(V,E)$ 和 K 种颜色，考虑图 G 中的一条移动边 (a,b)，如果节点 a 的每一个邻接点 c，都满足：

(1) c 和 b 干涉。

(2) $degree(c)<K$，即节点 c 是个小度节点。

则将节点 a 和 b 接合，不降低图 G 的可着色性。

证明　记节点 a 的所有小度邻接点的集合为 S，则编译器对图 G 进行化简，会将集合 S 中所有节点都移除，得到图 G_1，此时节点 a 在 G_1 中的邻接点都与节点 b 相邻，且都是大度节点。重新考虑图 G，编译器将节点 a 和 b 接合后得到图 G_2，在图 G_2 中，集合 S 中的节点仍然都是小度节点，因此 S 中的节点可以被移除得到图 G_3，不难证明图 G_3 是图 G_1 的子图，因此，图 G_3 不会比图 G_1 更难着色，如图 2.17 所示。 □

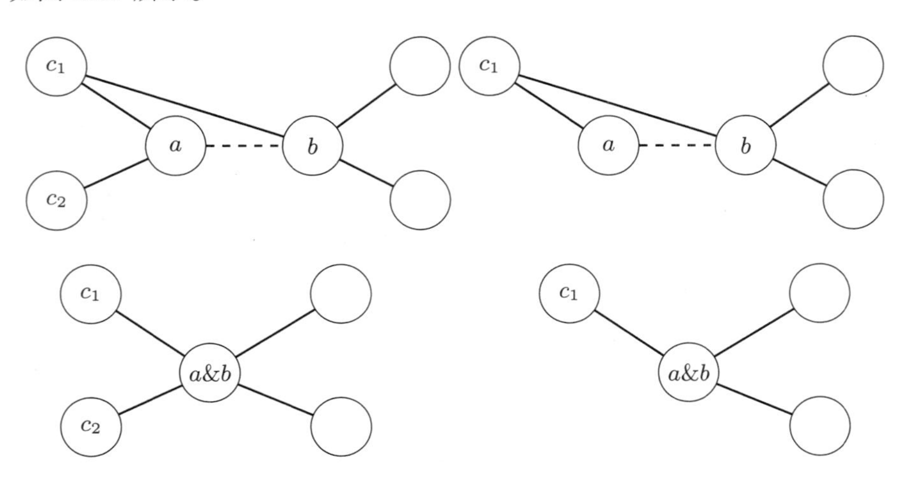

图 2.17

基于上述讨论的 George 保守接合策略，我们可给出如下的接合算法 coalesce_george()：

```
1  // merge two variables "x" and "y" in the program "p",
2  // according to the George heuristic;
3  // return the result program.
4  program merge(program p, graph ig, node x, node y){
5    // the George heuristic
6    coalesceable = true;
7    for(each adjacent node n of x in ig){
8      if(degree(n) < K || edge (n, y) in ig)
9        continue;
10     coalesceable = false;
11     break;
12   }
13   if(!coalesceable){ // no opportunity to coalesce
14     return p;
15   }
16   // coalesce
17   for(each variable "x" in program p)
18     p = replace(p, x, x&y);
19   for(each variable "y" in program p)
20     p = replace(p, y, x&y);
21   p = delete_statement(p, "x=y");
22   return p;
23 }
24 // to coalesce any move-related edge,
25 // return the new program being rewrittened.
26 program coalesce_george(program p, graph ig){
27   for(each move statement "y=x" in program p)
28     if(edge (x, y) is not in graph ig)
29       p = merge(p, ig, x, y);
30   return p;
31 }
```

我们把对这个算法的详细分析，作为习题留给读者完成。

从实现角度看，和 Briggs 策略相比，George 策略只需考察待接合节点 x 的所有邻接点 n 即可，更容易实现且运行效率更高。

2.4.3 迭代接合

不管是 Briggs 策略还是 George 策略，都要求待接合节点 x 存在小度邻接点 n；但由于接合发生在化简之前，所以会出现这样的情况：待接合的节点 x 的邻接点 n 都是大度节点，因而接合无法进行。

考虑图 2.18 (a) 给出的干涉图 G，且假设 $K = 3$。

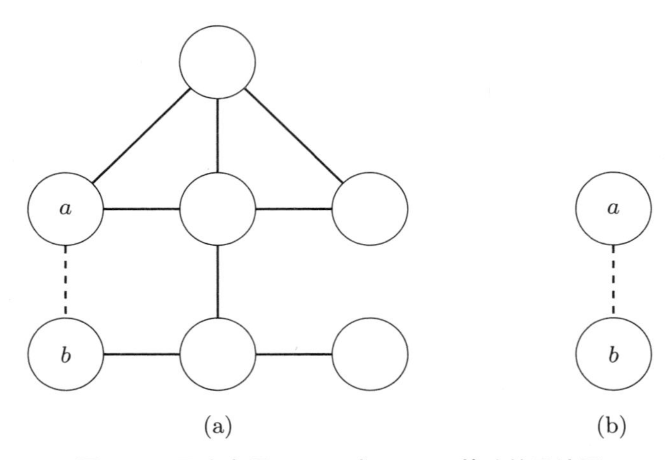

图 2.18 无法应用 Briggs 或 George 策略的干涉图

可以验证：编译器无法应用 Briggs 策略或 George 策略，对图 G 中的移动边 (a,b) 进行接合（请读者自行验证该结论）。

但注意到，由于图 G 中存在小度节点，因此，编译器可以先对图 G 进行化简，则图 G 可化简成如图 2.18 (b) 所示的图 G'，显然编译器可以使用 Briggs 策略或 George 策略，对图 G' 进行保守接合。

这个例子说明：化简可能会降低节点的度，因此能够带来更多的接合机会；同样，接合也可能会降低节点的度，带来更多的化简机会。因此，编译器可将接合步骤放在化简步骤之后，并且将接合和化简反复迭代进行，则可能实现更好的接合效果，这种策略称为迭代接合（iterated coalesce）。

引入迭代接合策略后，寄存器分配算法的主体结构如下：

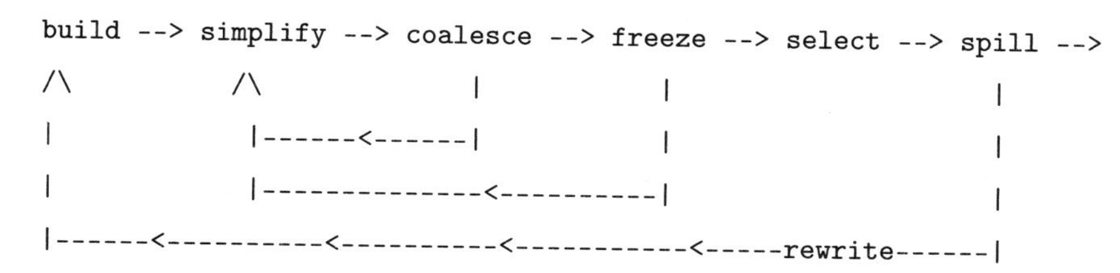

其中主要的步骤包括：

(1) build：编译器构造程序 P 的干涉图 G。

(2) simplify：编译器通过移除干涉图 G 中的小度节点，对干涉图 G 进行化简。

(3) coalesce：编译器对化简过后的干涉图 G，按照 Briggs 策略或 George 策略，进行保守接合；接合可能会减小图 G 中某些节点的度，因此在接合完成后，算法重写跳回到 simplify 步骤，对干涉图再次进行化简，这个过程一直在化简和接合两个阶段迭代，直到干涉图 G 不能继续化简和接合为止。

(4) freeze：对于不能继续化简和接合的干涉图 G，如果图 G 中还存在移动边 (x,y)，则编译器考察该边关联的节点 x 和 y，如果节点 x 或 y 是小度节点，则编译器将该移动边从图 G 中移除（这意味着编译器放弃了接合边 (x,y) 的尝试），这个操作称为冰冻（freeze），冰冻引入了小度节点，因此，算法重新跳回到 simplify 阶段，进行化简、接合的新一轮迭代。

(5) select：编译器把节点 x 从栈 stk 中弹出，并重新放回干涉图 G 中，同时对节点 x 着色。

(6) spill：若编译器对节点 x 的着色失败，则编译器将该节点 x 溢出，重写程序 P，算法跳转回起点，重新构建新的干涉图，并再次执行整个分配流程。

根据上述步骤，基于迭代接合的寄存器分配算法 color() 如下：

```
1  // freeze any insignificant-degree nodes in move-related edges,
2  // return true, if any freeze does happen; return false otherwise.
3  bool freeze(graph ig){
4    bool freezed = false;
5    for(any move-related edge (x, y) in ig)
6      if(degree(x)<K || degree(y)<K){
7        remove_edge(ig, x, y);
8        freezed = true;
9      }
10   return freezed;
```

```
11 }
12
13 void color(program p){
14 L_BUILD:
15   // step #1: build the interference graph
16   graph ig = build_interference_graph(p);
17 L_SIMPLIFY:
18   // step #2: simplify the graph
19   simplify(ig);
20   // step #3: coalesce the graph
21   bool coalesced = coalesce(p, ig);
22   if(coalesced)
23     goto L_SIMPLIFY;
24   // step #4: freeze the graph
25   bool freezed = freeze(ig);
26   if(freezed)
27     goto L_SIMPLIFY;
28   // step #5: select colors
29   bool spilled = select(ig);
30   if(spilled){
31     // step #6: rewrite the program, if any spill happened
32     rewrite(p);
33     goto L_BUILD;
34   }
35 }
```

算法中涉及的大部分函数，我们在前面都已经讨论过，对该算法的进一步分析,作为练习留给读者。

考虑图 2.19 中给出的干涉图,我们假定颜色数 $K = 4$。编译器首先对该干涉图执行 simplify 化简,由于干涉图中没有小度节点,因此无法从该干涉图中移除节点;编译器接着执行 coalesce 接合,可以验证,移动边 (f, g) 满足 Briggs 接合策略（但不满足 George 接合策略,请读者自行验证）,对节点 f 和 g 进行接合后,我们得到如图 2.20 所示的干涉图。

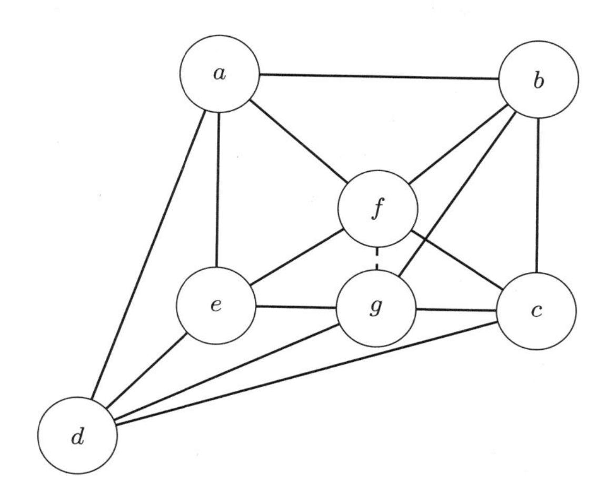

图 2.19　使用迭代接合的示例程序

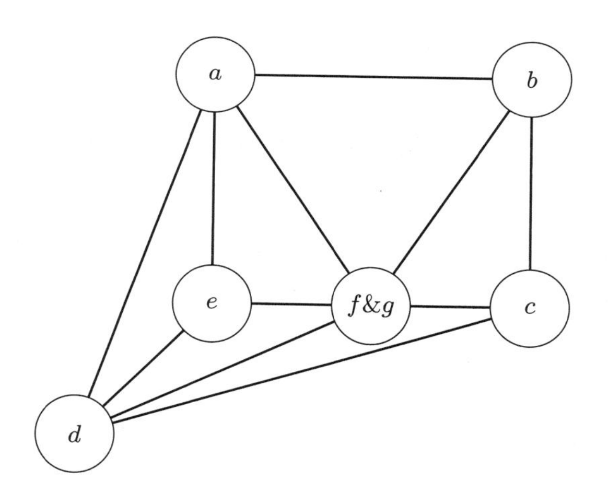

图 2.20

完成接合后，算法重新跳转回化简 simplify，移除干涉图中的小度节点，得到的节点栈 stk 的内容如下：

```
----------------------------
| b, c, a, d, e, f&g
----------------------------
```

化简和接合完成后，编译器开始尝试着色，对干涉图的着色结果如图 2.21 所示。

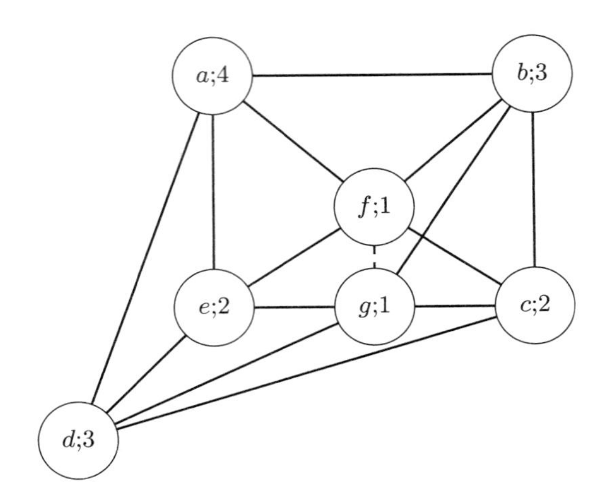

图 2.21

没有变量溢出,并且成功实现了接合,寄存器分配结束。

注意到,在上述分配过程中,编译器进行完(保守)接合后,得到的干涉图完全满足 Kempe 条件,因此不会发生溢出。相反,如果编译器没有包括接合阶段,直接尝试对干涉图着色,可能出现的一种着色结果如图 2.22 所示,编译器没有可用的颜色对节点 b 进行着色,将其溢出。保守接合(不管是否是迭代版本)不但不会引入新的溢出,在有些情况下还可能减少溢出的发生,这再次印证了我们在本节开头给出的结论。

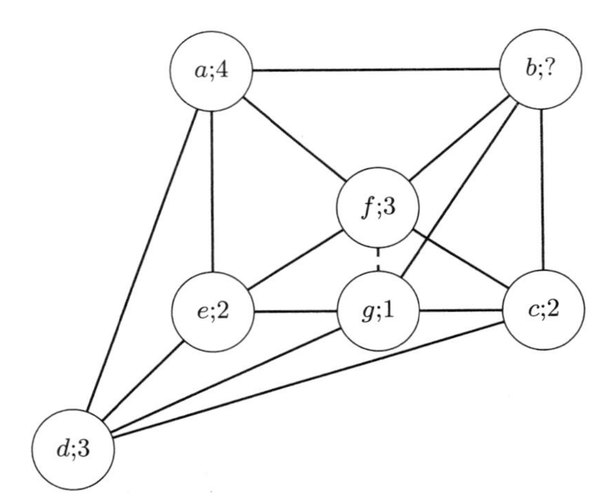

图 2.22

2.5　干涉的保守性

严格来讲，对程序 P 中的两个变量 x 和 y，编译器必须给它们分配不同的寄存器 r_1 和 r_2，当且仅当如下两个条件同时成立：

(1) 变量 x 和变量 y 互相干涉，即它们的值在某个程序点 p 同时被使用。

(2) 变量 x 和变量 y 的值不相等，即 $x \neq y$。

本章我们已经深入讨论过第一点，关于第二点，我们研究图 2.23 中给定的示例程序，变量 x 和 y 相互干涉，但注意到程序不管从哪条路径执行到基本块 L_3，变量 x 和 y 的值都是 5，因此，编译器可以把这两个变量分配到同一个物理寄存器 r 中（请读者给出分配后的结果）。

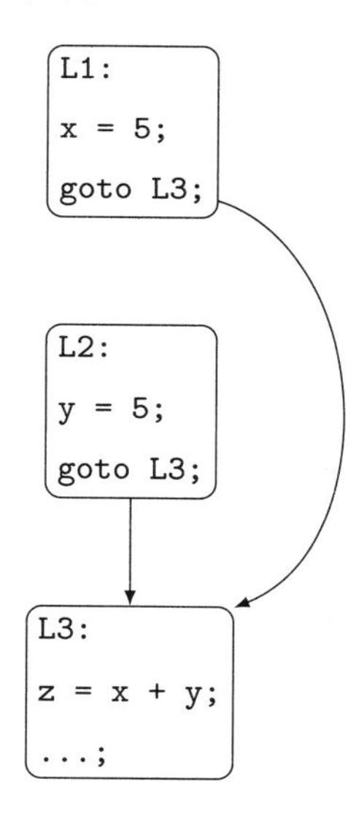

图 2.23　干涉的保守性示例程序

但计算理论的结果表明：静态分析程序变量的所有可能运行值，是不可判定的。因此，在一般情况下，编译器只能采用上述第一条标准来进行寄存器分配，亦即变量干涉是寄存器分配的保守判定标准。

2.6 深入阅读

Kempe[29] 最早给出了图着色问题的数学描述，并给出了基于对小度节点移除的图化简算法；Lavrov[12] 在 20 世纪 60 年代就注意到了图着色和寄存器分配直接的密切联系；Chaitin 等人[22，23，24] 在 IBM PL.8 编译器中第一次完整地实现了基于图着色的寄存器分配算法。

Chaitin 等人最早采用的是激进的接合策略，在化简干涉图之前，编译器就已把所有的移动边移除；Briggs 等人[30，31，32] 给出了基于保守策略的接合算法；George 等人[33，34] 研究了基于迭代的保守接合策略。

对基本图着色算法有很多其他改进，这些改进包括对溢出算法的改进[35，36]、对简单值的重整（rematerialization）[37]、更精细的接合策略[38]、对活跃区间的切分[39，40，41]、标量替换[42，43]、寄存器提升[44，45，46]，等等。

第 3 章　线性扫描分配

线性扫描寄存器分配通过分析变量的活跃性并构建活跃区间，给变量分配寄存器；它属于一类相对轻量级的分配算法，广泛应用在交互环境和即时编译器等对编译速度敏感的应用场景中。本章讨论线性扫描寄存器分配算法，课题包括：变量的活跃区间分析、线性扫描分配算法、基于二次分配的改进，等等。

3.1　基本思想

我们在第 1 章讨论过活跃分析：程序 P 中的任意变量 x 在不同的程序点 l 活跃，如果我们用代码行号来唯一指代这些程序点，且记变量 x 的最小的活跃点为 m、最大的活跃点为 n，则代码行号 m 和 n 构成了一个闭区间 $[m,n]$，该区间表示一个从第 m 行到第 n 行的代码片段。考虑图 3.1 中给出的示例代码，根据活跃分析的结果：变量 a 在区间 [1,3] 活跃，在区间 [5,7] 也活跃，但在区间 [3,5] 不活跃；而变量 b 只在区间 [3,5] 活跃。

```
1  a = ...;
2  ...;
3  b = a + 5;
4  ...;
5  a = b - 3;
6  ...;
7  ... = a;
```

图 3.1　代码区间示例程序

一般地，对于程序 P 的任意变量 x，假设其所有活跃点的最低起始点是 l，最高终点是 h，则我们称闭区间 $[l,h]$ 为变量 x 的**活跃区间**（live interval）。例如，在图 3.1 的示例代码中，变量 a 的活跃区间是 $[1,7]$，而变量 b 的活跃区间是 $[3,5]$。

可以看到，变量 x 的活跃区间 $[l,h]$ 实际上是对变量 x 活跃性的一个近似估计，即变量 x 未必在活跃区间 $[l,h]$ 中处处活跃，区间 $[l,h]$ 可能包含变量 x 并不活跃的空洞。

我们对图 3.1 中变量 a 和 b 的活跃区间，做如下三行的排列：

```
1  2  3  4  5  6  7
|<------ a ------>|
      |<-b->|
```

第一行是程序语句标号，第二、第三两行分别是变量 a 和 b 的活跃区间，则该排列给我们启发，可设计这样一个把寄存器分配给活跃区间的分配算法：

(1) 编译器从标号为 1 的语句开始，顺序扫描每一个活跃区间 $[l,h]$；

(2) 每当遇到一个新的活跃区间起点 l 时，就给该活跃区间 $[l,h]$ 分配一个新的可用的物理寄存器 r；

(3) 每当越过一个活跃区间 $[l,h]$ 的终点 h 时，就回收本来分配给该区间 $[l,h]$ 的物理寄存器 r，以便让寄存器 r 供后续的活跃区间使用，这个操作称为寄存器的**回收**（eviction）。

这样，编译器扫描完所有的活跃区间 $[l,h]$，并完成寄存器分配后，算法运行结束。

以图 3.1 中的代码为例，编译器首先扫描到活跃区间 $[1,7]$（对应变量 a），于是编译器分配寄存器 r_1 给该区间；编译器继续扫描到第 3 行代码，遇到了活跃区间 $[3,5]$（对应变量 b），由于物理寄存器 r_1 仍在使用中，所以编译器分配一个新的寄存器 r_2 给到该区间；注意到这两个活跃区间互相干涉，意味着它们要分配到不同的物理寄存器中。接下来，编译器继续扫描到第 5 行代码，变量 b 的活跃区间 $[3,5]$ 结束，则编译器回收它原本占用的物理寄存器 r_2 以供后续使用；后续的分析步骤类似。

在上述分配算法中，编译器会线性扫描所有活跃区间，因此这类分配算法称为**线性扫描分配**（linear scan allocation）。接下来，我们会仔细研究该算法，到目前为止，我们已经注意到关于线性扫描分配算法的两个基本事实：

(1) 线性扫描分配运行效率较高;正如其名字所蕴含的:分配基于对活跃区间的一遍线性扫描,而不用像图着色算法那样反复进行迭代;而且活跃区间的数据结构及其构建也比干涉图简单。

(2) 线性扫描分配的结果可能没有图着色等其他分配算法得到的结果优化,例如,在上述示例程序中,编译器在线性扫描分配中使用了两个寄存器 r_1 和 r_2,而如果使用图着色算法给该程序分配寄存器,则只需要一个寄存器 r_1;使用更少的寄存器有助于避免溢出的发生。

线性扫描分配算法的这些基本特点,决定了它非常适用于追求编译速度的场景,例如用在即时编译器中,等等。这里,我们再次看到:在寄存器分配实现中,实现者需要对算法效率、分配质量、工程难度等几个因素综合考虑,并做出权衡。

3.2 活跃区间分析

上一节讨论了对简单程序的活跃区间分析,本节继续讨论对一般程序的活跃区间分析。

3.2.1 线性序

给定集合 S,其上的一个二元关系 $R \subseteq S * S$ 被称为一个线性序关系(linear order relation),当且仅当:

(1) 对于任意 $x,y \in S$,若 $(x,y) \in R$ 且 $(y,x) \in R$,则 $x = y$;

(2) 对于任意 $(x,y) \in R$ 且 $(y,z) \in R$,有 $(x,z) \in R$;

(3) 对于任意 $x,y \in S$,有 $(x,y) \in R$ 或 $(y,x) \in R$。

即我们要求关系 R 具有反对称性、传递性和完全性。对于线性扫描寄存器分配算法来说,我们把待分配程序 P 中的所有语句构成的集合定义为集合 S;把语句执行的先后顺序定义为二元关系 R。显然,如果我们能够证明语句的执行顺序 R 满足线性关系,则可以把这些语句按执行顺序排成一个线性序,从而可以完成线性扫描寄存器分配。重新考虑图 3.1 给出的程序实例,可以验证该程序语句的执行满足线性序。

对于一般的程序控制流图 G,由于流图中可能包括任意跳转,因此图中任意

两条语句 s_1 和 s_2 之间，一般无法建立线性序关系，这给语句的线性排序带来了困难。考虑图 3.2 中给出的控制流图，这是我们研究过的求和程序。可以看到，第 2 条语句和第 3 条语句存在确定的线性序关系，即前者一定先于后者执行；但第 8 条语句和第 12 条语句间，并不存在确定的线性序关系。

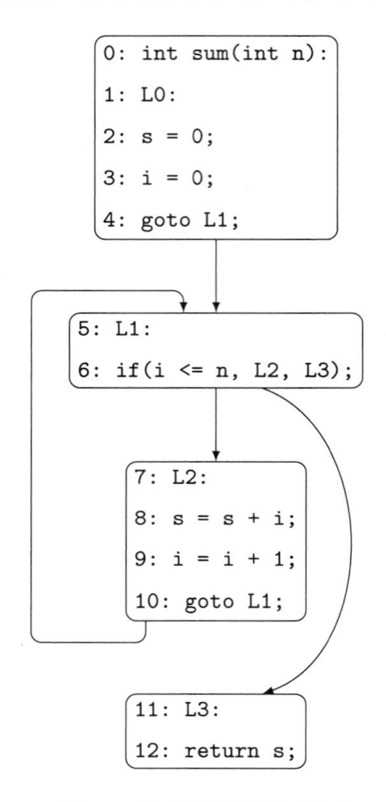

图 3.2　控制流图的线性排序

为了在一般控制流图 G 上建立线性序，我们可以使用某种算法，对图 G 建立伪线性序（quasi-linear ordering），在这里，我们使用伪拓扑排序（quasi-topological ordering）算法来建立该伪线性序，伪拓扑排序算法由下面的 linearize() 函数给出：

```
1  list sequence = [];
2
3  // Input: cfg is a control flow graph, n is some graph node
4  // perform quasi-topo sort start from node n.
5  void topo_sort(graph cfg, node n){
```

```
6    if(n.visited == false)
7      return;
8    n.visited = true;
9    for(each successor x of n in the cfg){
10     topo_sort(cfg, x);
11   };
12   append(sequence, n);
13   return;
14 }
15
16 // Input: cfg is a control flow graph
17 // Output: a linear ordering of the basic blocks, in "sequence"
18 list linearize(graph cfg){
19   node entry = start(cfg);
20   topo_sort(cfg, entry);
21   return reverse(sequence);
22 }
```

算法 linearize() 接受一个程序控制流图 cfg 作为输入,输出基本块 b 构成的线性表(伪线性序);算法首先得到控制流图 cfg 的起始节点 $start$,然后调用伪拓扑排序的算法 topo_sort()。

伪拓扑排序算法 topo_sort() 使用标准的深度优先遍历,从节点 n 开始遍历控制流图 cfg,并将遍历得到的节点追加到全局表 sequence 的表尾。算法 topo_sort() 执行结束后,控制流返回函数 linearize(),后者将全局表 sequence 逆置后返回。正因为算法返回的是表 sequence 的逆序,在有些文献中,这个序也被称为*逆后续遍历序*(reverse post-order traversal ordering)。

对图 3.2 中的控制流图运行算法 linearize(),我们将得到如下可能的两个不同的线性序列:

$$L_0,\quad L_1,\quad L_2,\quad L_3 \tag{3.1}$$

或者

$$L_0,\quad L_1,\quad L_3,\quad L_2 \tag{3.2}$$

在结束本小节前,对控制流图 G 中基本块的线性序,我们还需要讨论两个关键点:第一,读者可能已经注意到了这里讨论的线性序和基本块直接支配(dominance）之间的密切联系，实际上，考虑基本块相互之间的执行顺序，蕴含了支配。仍考虑图 3.2 中给出的控制流图，其支配树（dominator tree）如图 3.3 所示。我们不难将如图 3.3 所示的支配树和前面得到的两个线性序列（3.1）和（3.2）对应起来。我们将在第 5 章深入讨论包括支配在内的 SSA 的很多重要性质。第二，在线性化步骤中，我们用伪拓扑序给基本块建立了一个线性序列（3.3），但这个方式不是唯一的选择，还有很多其他选择。例如，我们可以采用控制流图呈现的程序代码的自然顺序；也可以使用对控制流图的深度优先遍历序；在最极端的情况下，我们甚至也可以采用基本块的一个任意顺序，图 3.4 给出了一个例子，即基本块被排成了这个具体顺序，会影响接下来我们要讨论的活跃区间算法的具体输出结果，但不影响结果的正确性。

$$L_0, \quad L_2, \quad L_1, \quad L_3 \tag{3.3}$$

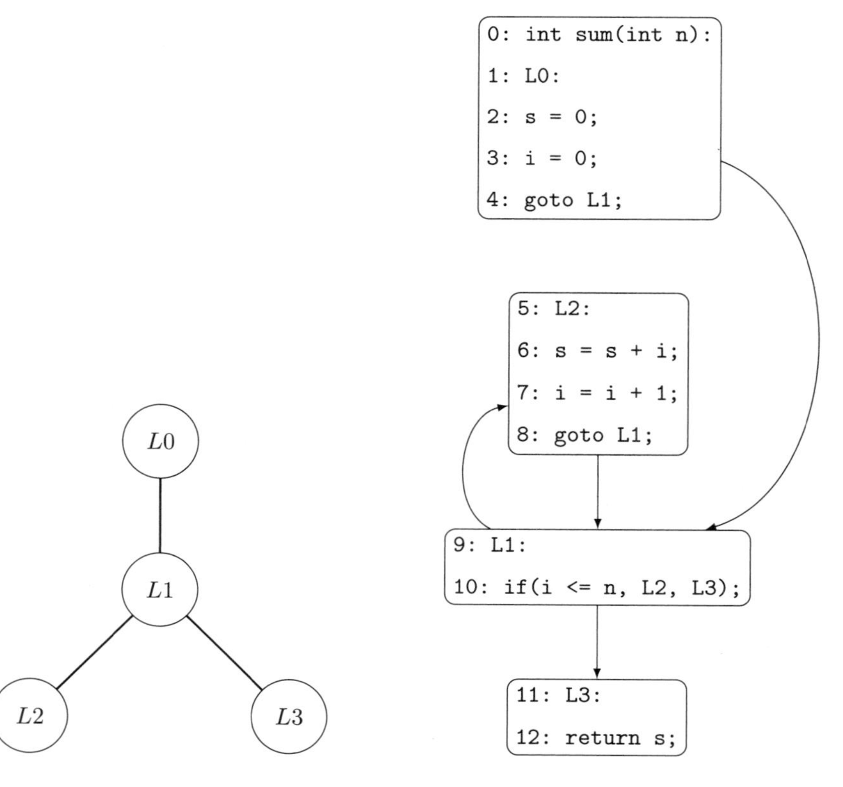

图 3.3

图 3.4 另一种线性序的排列

3.2.2　活跃区间算法

在本小节,我们给出对程序变量计算活跃区间的算法 live_interval():

```
1  // interval is a map, from a variable "x" to its liveness interval
2  // [l, h]
3  map intervals = {};
4
5  // Input: a list of basic blocks, which have been linearized
6  // annotate every statement s with a unique (and increasing) index
7  void number(block blocks[]){
8    int counter = 0;
9    for(each basic block b in blocks)
10     for(each statement s in block b)
11       s.index = counter++;
12 }
13
14 // Input: a list of basic blocks, which have been linearized
15 // for any variable x in the program, update the lower and upper bound
16 // of variable x in the map "interval"
17 void calculate_intervals(block blocks[]){
18   for(each variable x in this program)
19     for(each statement s in blocks)
20       if(x ∈ liveOut(s)){ // x is live at statement s
21         if(s.index < interval[x].l)
22           interval[x].l = s.index;
23         if(s.index > interval[x].h)
24           interval[x].h = s.index;
25       }
26 }
27
28 // Input: the control flow graph "cfg"
29 // Output: a set of live intervals, one for each variable
30 set live_intervals(graph cfg){
31   liveness_analysis(cfg);
32   blocks = linearize(cfg);
```

```
33    number(blocks);
34    calculate_intervals(blocks);
35    return intervals;
36  }
```

算法接受程序的控制流图 cfg 为输入,输出计算得到的 cfg 中所有变量活跃区间 $[l,h]$ 构成的集合 $intervals$。算法分成四个主要步骤(分别对应第 31~34 行的算法代码):

(1) 活跃分析 liveness_analysis():基于我们在第 1 章讨论的活跃分析算法,编译器对程序控制流图 cfg 进行活跃分析,得到每个语句 s 的活跃变量集合 $liveIn(s)$ 和 $liveOut(s)$;

(2) 线性化 linearize():基于我们刚讨论过的线性化算法,编译器把控制流图 cfg 中的所有基本块,排列成一个线性序 blocks;

(3) 语句编号 number():对线性化后的程序每条语句 s,都给定一个唯一顺序编号;

(4) 活跃区间计算 calculate_intervals():根据前面活跃分析的结果和语句 s 的编号,计算每个变量 x 的活跃区间 $[l,h]$,所有变量的活跃区间都保存在集合 $intervals$ 中,并被作为函数返回值返回。

算法设置了全局数据结构 interval,它是一个映射,把变量 x 映射到其对应的活跃区间 $[l,h]$,初始为空。

编号函数 number() 顺序扫描已经线性化后的所有基本块 $blocks$,依次对其中的每个语句 s 给定一个从 0 开始递增的编号 $index$。显然,语句编号依赖于线性化过后程序中的基本块的顺序,请读者注意图 3.4和图 3.2中语句编号的区别。

函数 calculate_intervals() 依次扫描程序中的每个变量 x,然后在内层循环遍历每条语句 s,如果变量 x 在语句 s 处活跃,则根据当前语句 s 的唯一编号 $index$ 和变量 x 在映射 $interval$ 中已有的区间 $[l,h]$ 之间的数量关系,对下界 l 或上界 h 进行恰当更新。

算法执行结束后,全局映射 $intervals$ 中存储了每个变量 x 的活跃区间 $[l,h]$。以图 3.2 中给出的控制流图为例,我们把每个语句 s 的活跃变量集合 $liveOut(s)$ 都进行显式标记,得到图 3.5。假定我们给定的基本块的线性序是

$$L_0,\quad L_1,\quad L_2,\quad L_3$$

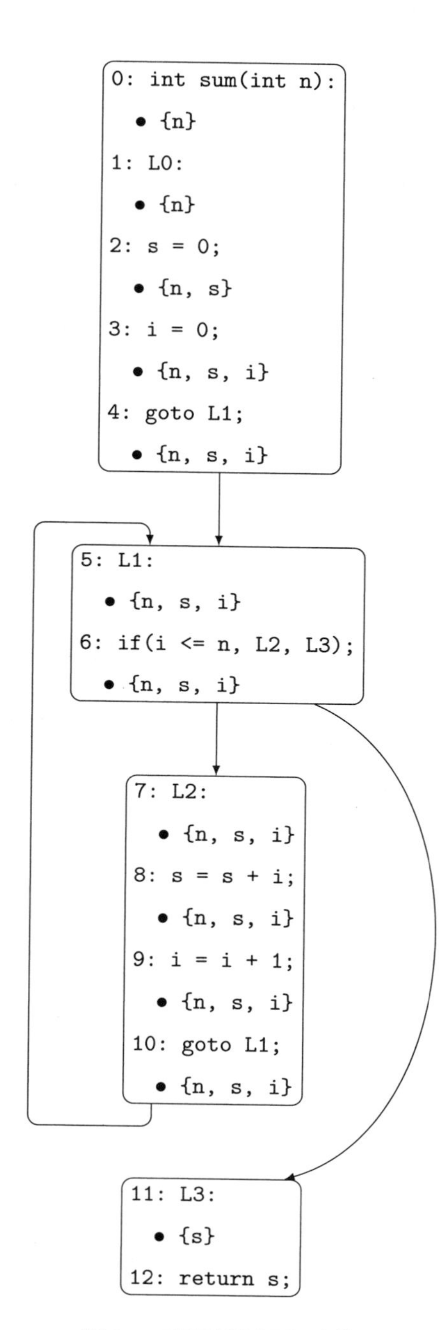

图 3.5　变量活跃区间计算的示例

则每条语句 s 的编号如图 3.4 所示。由此，我们可以得到每个变量的活跃区间如下：

$$n:[0,11]$$
$$s:[2,12]$$
$$i:[3,11]$$

或写成更显式的线性形式：

```
0  1  2  3  4  5  6  7  8  9  10  11  12
|<--------------- n ------------->|
      |<------------ s --------------->|
         |<--------- i ---------->|
```

作为练习，请读者自行计算控制流图 3.4 中，各个变量的活跃区间，并与这里的计算结果做对比。

关于变量 x 活跃区间 $[l,h]$ 的计算，还有两个关键点需要注意：第一，变量 x 的活跃区间 $[l,h]$ 不等于变量 x 在程序中出现的区间；考虑图 3.5中的变量 n，它的活跃区间是 $[0,11]$，但变量 n 在第 9，10 和 11 等行并不出现，这也说明了编译器进行活跃分析的必要性。第二，任意变量 x 的活跃区间 $[l,h]$ 是对变量 x 活跃性的保守估计；如果不进行活跃分析，则每个变量 x 的活跃区间 $[l,h]$ 退化成一个更加保守的平凡区间（在图 3.5 中，$[0,12]$ 就是平凡区间）。基于这个平凡活跃区间，对变量进行寄存器分配，虽然不影响分配结果的正确性，但可能会降低分配的质量。

3.3 线性扫描分配

在本节，我们先讨论线性扫描寄存器分配算法；然后讨论在线性扫描分配中的溢出和接合；最后分析算法运行的时间复杂度。

3.3.1 分配算法

本小节讨论线性扫描寄存器分配算法。该算法维护四个主要的数据：

(1) $free\_regs$：算法执行过程中，可用的空闲寄存器集合，在初始情况下，该集合包括所有的物理寄存器。

(2) $free\_intervals$：所有还未被编译器处理过的活跃区间 $[l,h]$ 集合，在初始情况下，这些区间按照区间下界 l 的值，升序排列。

(3) $occupied\_intervals$：当前正在占有寄存器（但还未释放）的区间集合，初始情况下，这个集合为空集；这些区间 $[l,h]$ 按照上界 h 的值，存放在一个最大堆中（稍后我们会看到使用最大堆的原因），不难看到，在算法执行过程中，这个集合中活跃区间的数量，不会超过物理寄存器总数量 K。

(4) $temp\_map$：第四个也是最后一个是变量映射表，它把活跃区间（变量），映射到其所分配到的物理寄存器。

基于以上数据结构，线性扫描寄存器分配的算法 linear_scan() 代码如下：

```
1   set free_regs = {R_1, R_2, ..., R_K};
2   // increased sorted, according to the low bound l
3   set free_intervals; // = {[l_1, h_1], [l_2, h_2], ..., [l_n, h_n]};
4   set occupied_intervals = {};
5   map temp_map = {};
6
7   // To evict all occupied intervals [l_x, h_x], which satisfies
8   // that h_x<=l.
9   void eviction(l){
10    for(each interval [l_x, h_x] in occupied_intervals){
11      if(h_x <= l){
12        reg = temp_map([l_x, h_x]);
13        free_reg += reg;
14        occupied_intervals -= [l_x, h_x];
15      }
16    }
17  }
18
19  // Suppose that the interval [l, h] is not allocatable, then try
20  // to spill some interval according to some heuristic.
21  void try_spill([l, h]){
22    [l_x, h_x] = get_furthest(occupied_intervals);
```

```
23   if(h_x > h){
24     reg = temp_map([l_x, h_x]);
25     occupied_intervals -= [l_x, h_x];
26     spill([l_x, h_x]);
27     temp_map[[l, h]] = reg;
28   }else{
29     spill([l, h]);
30   }
31 }
32
33 // Input: the control flow graph "cfg"
34 // Output: a temp map data structure holding the register
35 // allocation result
36 void linear_scan(graph cfg){
37   map intervals = live_intervals(cfg);
38   free_intervals = sort(intervals);
39
40   while(free_intervals not empty){
41     [l, h] = remove_one_interval(free_intervals);
42     eviction(l);
43     if(free_regs is empty){
44       // no registers, spill some intervals
45       try_spill([l, h]);
46     }else{
47       reg = get_one_reg(free_regs);
48       // add the binding
49       temp_map[[l, h]] = reg;
50       occupied_intervals += [l, h];
51     }
52   }
53 }
```

函数 linear_scan() 接受程序的控制流图 cfg 作为输入,算法首先(第 37 行)调用我们在 3.2节讨论的活跃区间计算函数 live_intervals(),计算得到所有变量的活跃区间 $intervals$;然后算法调用 sort() 函数(第 38 行),对这组活跃区间

intervals 中的每个区间 $[l,h]$，按下界 l 递增的顺序进行排序，得到空闲活跃区间集合 *free_intervals*；接着，算法依次取出空闲活跃区间集合 *free_intervals* 中的每个集合 $[l,h]$（第 40~52 行的循环），并使用该区间的下界 l 作为参数，调用 eviction() 函数，将正在占用寄存器的部分区间释放，并回收它们占用的寄存器，函数 eviction() 的代码表明：只要被占用区间集合 *occupied_intervals* 中活跃区间 $[l,h]$ 的上界 h 被越过，则该活跃区间 $[l,h]$ 对应的寄存器 *temp_map*($[l,h]$) 可被回收。

算法 linear_scan() 从第 43 行开始，尝试给该当前活跃区间 $[l,h]$ 分配寄存器，分两种情况考虑：

(1) 如果此时还有可用的物理寄存器（第 46 行），则编译器从空闲寄存器集合 *free_regs* 中取出一个寄存器 *reg*，并把它分配给当前的区间 $[l,h]$，而该区间 $[l,h]$ 也被加入 *occupied_intervals* 集合。

(2) 如果此时已经没有可用的物理寄存器（第 43 行），则编译器要尝试调用 try_spill() 函数进行变量溢出；需要注意的是，编译器可以简单地将当前待分配活跃区间 $[l,h]$ 溢出，但为了取得更好的溢出效果，在 try_spill() 函数中，编译器采用了一个更精细的溢出策略：编译器将当前待分配区间 $[l,h]$ 的上界 h 和占用中的活跃区间集合 *occupied_intervals* 中上界最大的一个（假设是 $[l\_x,h\_x]$）进行比较，即将值 h 和 h_x 进行比较，将更大的一个溢出。这个溢出策略在实际中可能效果较好，主要是因为通过溢出“延伸更远”的一个活跃区间，我们能期待被溢出的区间和还未处理的区间，能发生更少的干涉。同时，我们也看到了前面讨论的用最大堆存储占用区间 *occupied_intervals* 的优势：最大堆数据结构能让我们在 $O(1)$ 时间内，找到区间上界的最大值。

溢出函数的 spill()（第 26 行）的算法实现和我们在第 2 章中讨论的图着色的溢出算法类似，我们把它作为练习，留给读者自行完成。

我们来讨论算法 linear_scan() 在一个程序实例上的执行过程。回想我们在 3.2.2小节最后给出的活跃区间，它们已经按下界递增的顺序排列好：

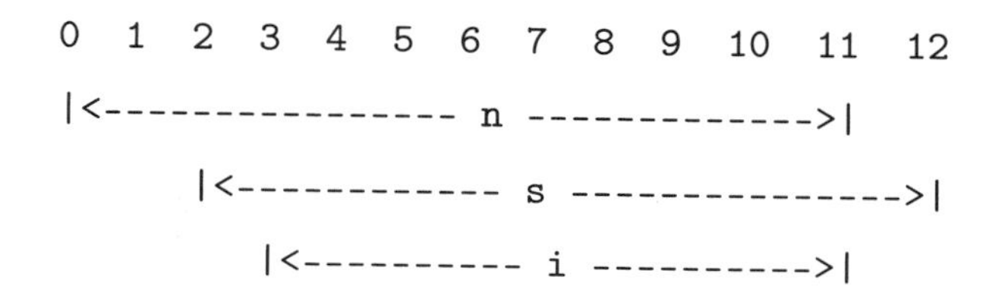

假设目标机器有三个物理寄存器 r_1,r_2 和 r_3,编译器顺序扫描这三个区间,分别将三个寄存器顺序分配给变量 n,s 和 i。

而假设目标机器只有两个物理寄存器 r_1 和 r_2,编译器会将它们分别先分配给变量 n 和 s;编译器继续扫描到变量 i 时,由于已经没有物理寄存器可用,编译器必须进行变量溢出;这里,根据刚才讨论的溢出策略,编译器将选择溢出活跃区间“延伸最远”的变量 s,将其原本占用的寄存器 r_2 回收,并将 r_2 重新分配给变量 i。

进一步假设目标机器只有一个物理寄存器 r,编译器会将它先分配给变量 n,接下来,编译器继续扫描到变量 s 和 i 时,由于已经没有物理寄存器可用,编译器将变量 s 和 i 全部溢出。

这里还有两个关键点需要注意:第一,上述算法 linear_scan() 给定的溢出策略不是唯一的。例如,我们可以考虑另外一种可行的溢出策略:类似我们在第 2 章中给出的代价函数 $cost(x)$,编译器可以给每个活跃区间 $[l,h]$ 计算一个权重

$$cost([l,h])$$

并根据该权重确定候选溢出区间。但上述算法 linear_scan() 中给定的溢出策略,计算代价相对比较小。总之,和所有寄存器分配算法中使用的溢出策略一样,这是编译器设计者必须要谨慎做出的设计抉择,并且可能还要结合实际的分配效果,进行合理的调整。第二,为了运行高效起见,我们要求线性扫描寄存器分配算法 linear_scan(),在分配过程中只对代码进行一遍扫描,这也意味着线性扫描寄存器分配算法必须采用和图着色分配不一样的溢出算法,我们将在接下来的 3.3.2 小节继续深入讨论。

3.3.2 溢出和接合

在第 2 章,我们讨论了图着色算法中的溢出,这类溢出会产生迭代,即溢出导致程序的重写并引入了新的临时变量,需要重新构造程序干涉图并再次尝试进行着色。

而在线性扫描分配算法中,我们期望通过一遍扫描就完成寄存器的分配以及完成溢出和接合,为此,我们可以采用如下简单的策略:在总共 K 个寄存器中,我们保留 R 个寄存器不参与分配,因此,总共只有 $K-R$ 个寄存器可供分配,其中

R 是程序中所有语句定义或使用集的最大元素个数。

假设 r_i 是一个保留寄存器,则变量的使用或定义:

$$\cdots = x;$$

$$\cdots$$

$$x = \cdots;$$

如果变量 x 被溢出,上述变量定义或使用会被改写成

$$r_i = [l\_x];$$

$$\cdots = r_i;$$

$$\cdots$$

$$r_i = \cdots;$$

$$[l\_x] = r_i;$$

之所以要保留最多 R 个物理寄存器,是因为算术运算语句

$$y = \tau(x_1, \cdots, x_R) \tag{3.4}$$

最多有 R 个变量使用:

$$x_1,\ \cdots,\ x_R$$

在最坏情况下,假设变量

$$y,\ x_1,\ \cdots,\ x_R$$

都发生了溢出,根据上述重写规则,代码(3.4)会被重写成

$$\begin{aligned}
r_1 &= [l_x_1];\\
\cdots&\\
r_R &= [l_x_R];\\
r_1 &= \tau(r_1,\ \cdots,\ r_R);\\
[l_y] &= r_1;
\end{aligned}$$

在典型的程序中 $R=2$,因此在 RISC 机器上保留 R 个寄存器对可用寄存器的数量影响不大。

类似地,线性扫描对接合也要做特殊处理,一般地,对于程序代码片段

$$\begin{array}{l} \cdots \\ l:\ y\ =\ x; \\ \cdots \end{array}$$

假设变量 x 的活跃区间的上界是 l,而变量 y 的活跃区间的下界是 l,则编译器可以把变量 x 和 y 分配到同一个寄存器 r 中,从而实现接合,消去数据移动语句 l。但不难发现,这个接合条件对程序的要求比较苛刻,如果实际程序中出现这种代码形状的概率比较小,接合的效果可能不佳。因此,在线性扫描寄存器分配中实现接合,是否能收获预期收益,需要编译器的实现者仔细评估。

3.3.3 时间复杂度

在结束本小节的讨论前, 我们讨论下线性扫描分配算法的最坏运行时间复杂度。

假定程序中的语句个数为 N、变量个数为 V,则线性扫描分配算法的几个主要阶段以及运行时间复杂度如表 3.1 所示。

表 3.1

运行阶段	活跃分析	线性化	线性扫描	代码重写
时间复杂度	$O(N\times V)$	$O(N)$	$O(N\times \lg N)$	$O(N)$

因此,线性扫描寄存器分配算法总的时间复杂度是

$$O(N\times V)$$

即这是一个多项式时间复杂度的算法。

值得指出的是,我们在第 1 章中讨论过:一般地,最优寄存器分配是 NP 完全问题,这和此处的结论并不矛盾,因为线性扫描分配的结果一般不是最优的。把这个结论和刚才讨论的溢出与接合结合起来,我们可以看到:线性扫描分配算法的主

要优势是可以快速（多项式时间）找到一个问题的近似最优解，因此该算法适用于对编译时间比较敏感的场景中，比如在线编辑环境或即时编译中，等等。

3.4 深入阅读

Poletto 等人[47]最早给出了线性扫描寄存器分配算法，其给出的实验数据表明：线性扫描寄存器分配算法比图着色寄存器分配算法运行效率高，且分配后得到的程序运行效率降低一般在 10% 之内；Traub 等人[48]系统研究了线性扫描分配算法的执行效率和分配质量；Sagonas 等人[49]系统评测了线性扫描寄存器分配算法在 RISC 体系结构和 CISC 体系结构上的实现，并比较了分配效果。

后续有很多工作对基本线性扫描分配算法进行改进和扩展，包括线性扫描和 SSA 形式的结合[50，51]、更精细的活跃区间构建和切分算法[48，52]、扩展的线性扫描算法[53]、更复杂的溢出策略算法[54]、基于抽象解释的方法[55]，等等。

第 4 章　弦 图 分 配

弦图是一类具有特殊良好性质的图,许多在一般图上呈现 NP 完全复杂度的算法,在弦图上都有多项式时间的简单算法,这其中就包括图着色寄存器分配算法。在本章,我们将讨论基于弦图的寄存器分配算法,首先,我们讨论弦图的概念与基本性质,这些性质在后面讨论寄存器分配算法时会用到;其次,我们讨论弦图的完美消去序列以及 MCS 算法;最后,我们讨论一般的弦图寄存器分配算法,包括溢出和接合的实现策略。

4.1　弦　　图

给定无向图 $G=(V,E)$,我们首先给出几个定义,这些定义在后续的讨论中会反复用到。

定义 4.1 (简单环)　对于图 $G=(V,E)$ 中的节点序列 $v_i \in V$,其中 $1 \leqslant i \leqslant n$,如果

$$(v_i, v_{i+1}) \in E$$

其中 $1 \leqslant i \leqslant n-1$,且

$$(v_n, v_1) \in E$$

并且对于 $1 \leqslant i \neq j \leqslant n$,我们都有

$$v_i \neq v_j$$

则我们称序列 $v_1, \cdots, v_n$ 为一个简单环(simple cycle)。

简单来看,简单环 $v_1, \cdots, v_n$ 就是图 G 中一个首尾相连且中间没有交点的闭合路径。在不引起混淆的情况下,我们以下将其简称为环(cycle)。环中包括的边

的个数,称为环的长度。

注意到,图 $G=(V,E)$ 的一个环 $v_1,\cdots,v_n$,同时也是图 G 的一个子图,因此我们有时也用图论的记号来记该环是方便的,即环 $G'=(V',E')$,其中环的节点

$$V'=\{v_1,\cdots,v_n\}$$

环的边

$$E'=\{(v_1,v_2),\cdots,(v_{n-1},v_n),(v_n,v_1)\}$$

考虑图 4.1(d),节点序列

$$a,\quad b,\quad c,\quad d,\quad e$$

是一个环,而序列

$$a,\quad e,\quad b,\quad c,\quad d,\quad e$$

不是环。

定义 4.2 (弦)　给定图 $G=(V,E)$ 以及它的一个环 $G'=(V',E')$,考虑图 G 中的一条边 $e=(x,y)$,如果这两个节点

$$x,y\in V'$$

但

$$(x,y)\notin E'$$

则我们称该边 $e=(x,y)$ 是环 $G'=(V',E')$ 的一条*弦*(chord)。

换句话说,一条弦 $e=(x,y)$ 连接了环 $G'=(V',E')$ 中原本不相邻的两个节点 x 和 y。

考虑图 4.1(b),边 (b,d) 是环 a,b,c,d 的弦;在图 4.1(d) 中,边 (b,e) 是环 a,b,c,e 的弦。

定义 4.3 (弦图)　给定图 $G=(V,E)$,如果对于图 G 中任意长度大于等于 4 的环 G',都存在一条弦,则我们称图 G 为*弦图*(chordal graph)。

考虑图 4.1中给出的几个无向图,第一和第二个图是弦图,而第三和第四个图不是弦图。

我们之所以关心弦图,是因为从算法的角度看,弦图有许多较好的性质,很多在一般图上呈现 NP 完全难度的问题,在弦图上都存在多项式时间的算法;本章要

讨论的基于弦图的寄存器分配就是这样一个例子：对一般图的着色是 NP 完全问题，但对弦图的着色的时间复杂度是 $O(V+E)$。

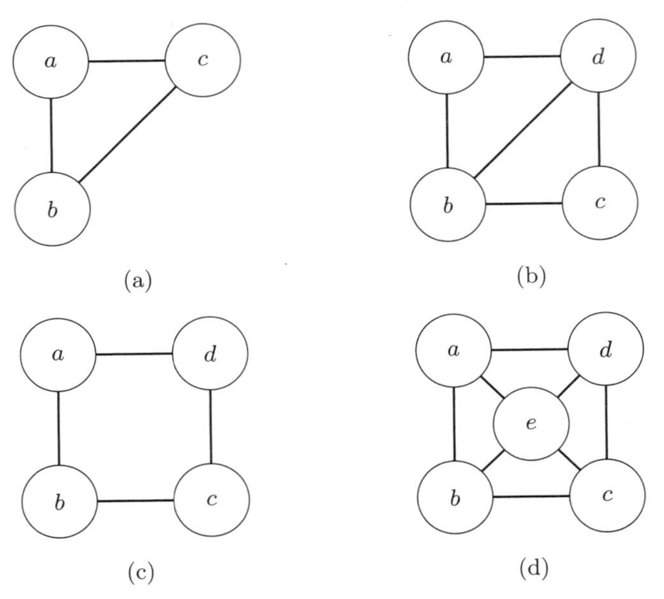

图 4.1 弦图的示例

4.2 弦图基本性质

在本节，我们讨论弦图的基本性质，给出完美消去序列的概念，并讨论构建完美消去序列的最大势算法。

我们要建立的第一个性质，是关于弦图及其诱导子图的关系，即引理 4.1。

引理 4.1 如果图 $G=(V,E)$ 是弦图，则图 G 的任何诱导子图 G' 一定也是弦图。

证明 (*反证法*) 假设诱导子图 G' 不是弦图，则图 G' 中一定存在一个长度大于等于 4 的环，该环没有弦，我们记该环为 c；我们把在图 G 中但不在图 G' 中的节点和边，加回到图 G' 后重新形成图 G，环 c 的结构不发生任何改变，即环 c 仍然包括长度大于等于 4 的没有弦的环，这与图 G 是弦图矛盾，原命题得证。 □

4.2.1　完美消去序列

给定弦图的定义后，自然的问题是：对于给定的一个图 $G=(V,E)$，该如何判定图 G 是否是一个弦图？本小节通过讨论相关的定理和算法，来回答这个问题。

首先，我们需要给出如下定义。

定义 4.4　对于图 $G=(V,E)$，给定节点集 V 的一个子集

$$V' \subseteq V$$

如果对于任意的两个节点 $x,y \in V'$，都有边

$$(x,y) \in E$$

则我们称节点集 V' 构成一个团（clique）。

团中的节点两两相连，构成一个完全图。例如，图 4.1(d) 中的节点集合 $\{a,b,e\}$ 构成一个团，但节点集合 $\{a,b,e,d\}$ 不是团。

定义 4.5　对于图 $G=(V,E)$ 中的节点 $v \in V$，如果节点 v 及其所有邻接点 $adj(v)$ 构成一个团，则称节点 v 是一个单形点（simplicial vertex）。

在有的文献中，也把单形点称为单纯点。考虑图 4.1(a) 和图 4.1(b)，其中的节点 a 都是单形点；但图 4.1(c) 和图 4.1(d) 中的节点 a 都不是单形点。

从团以及单形点的定义不难证明：团中的每个节点都是单形点。

关于弦图和单形点，我们有如下的引理。

引理 4.2　若图 $G=(V,E)$ 是弦图，则图 G 一定存在单形点。

证明　显然如果图 G 是完全图，因为图 G 的每个节点都是单形点，命题平凡成立；接下来，我们仅考虑图 G 不是完全图的情况。

对图 G 的节点个数 $|V|$，使用数学归纳法证明。

对于 $|V|=1$，显然命题平凡成立。

假设命题对于 $|V| \leqslant k$ 成立，我们证明命题对于 $|V|=k+1$ 成立。由于图 G 不是完全图，因此一定存在边

$$(x,y) \notin E$$

即节点 x 和 y 不直接相邻，则我们从节点集合

$$V-\{x,y\}$$

中选取一个最小可能的节点集合 S，它满足：当把 S 从图 G 中移除后，在由节点集合

$$G-S$$

构成的诱导子图 G' 中，节点 x 和 y 处于不连通的分量中。注意，这样的节点集合 S 一定存在，因为我们至少可以取

$$S=adj(x)\bigcup adj(y)$$

我们把节点 x 和 y 所处的分量分别记为 G_x 和 G_y，接下来我们继续证明图 G_x 中包含单形点。我们记由节点集合

$$G_x\bigcup S$$

构成的图 G 的诱导子图为 G'，如果图 G' 是完全图，则节点 x 就是图 G' 的单形点，x 也是图 G 的单形点。如果图 G' 不是完全图，由归纳假设，则图 G' 一定存在一个单形点，不妨记为 z，显然 z 也是图 G 的单形点。 □

定义 4.6 (完美消去序列) 给定图 $G=(V,E)$，我们把 V 中的所有节点排成一个线性序列

$$v_1,\quad \cdots,\quad v_n$$

如果对于任意的 $1\leqslant i\leqslant n$，节点 v_i 总是节点集 $\{v_i,\cdots,v_n\}$ 构成的诱导子图的单形点，则称该线性序列 $v_1,\cdots,v_n$ 是图 G 的一个完美消去序列（Perfect Elimination Order，PEO）。

考虑我们上面讨论过的弦图：

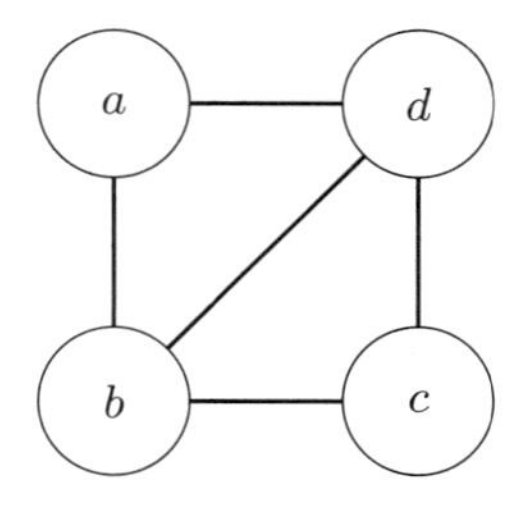

不难验证：图中节点的线性序列

$$a,\quad b,\quad c,\quad d$$

或者

$$c,\quad b,\quad d,\quad a$$

都是该图的完美消去序列。但是,节点序列

$$d,\quad a,\quad b,\quad c$$

或者

$$b,\quad a,\quad c,\quad d$$

都不是该图的完美消去序列。而图

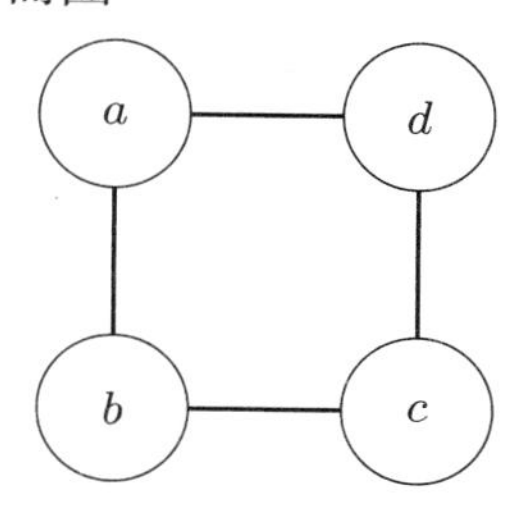

不存在任何完美消去序列。

对于弦图和完美消去序列,我们有如下的定理。

定理 4.1　图 $G=(V,E)$ 是弦图,当且仅当图 G 存在完美消去序列。

证明　先证必要性。假设图 G 是弦图,由引理 4.2,图 G 一定存在一个单形点 v_1,则将节点 v_1 及其关联的边都从图 G 中移除后,得到诱导子图 G',由引理 4.1,子图 G' 仍然是弦图。因此,我们可以重复上述步骤,找到单形点 v_2,等等。最终得到的序列

$$v_1,\quad v_2,\quad \cdots,\quad v_n$$

一定是完美消去序列。

再证充分性。用数学归纳法,对完美消去序列

$$v_1,\quad \cdots,\quad v_n$$

的长度 n 进行归纳。当 $n=1$ 时,显然图 G 是平凡的弦图。

假设结论对于 $v_2,\cdots,v_n$ 成立,即这些节点构成的图 G' 是弦图,考虑加入节点 v_1,由于 v_1 是一个单形点,则 v_1 和图 G' 中的所有与其相连的节点构成了一个团,不难验证 v_1 的加入不会导致出现长度大于等于 4 的无弦环,因此图 G 也是弦图。 □

4.2.2 最大势算法

定理 4.1 实际给定了判定一个给定的图 G 是否是弦图的标准:我们只需给定图 G 节点某种线性序列,然后检查该序列能否构成完美消去序列即可。节点这种特殊的线性序列可由如下的最大势(Maximum Cardinality Search,MCS)算法实现。

最大势算法对图 G 中的每个节点 v,都维护一个核心数据结构 $w(v)$,$w(v)$ 称为节点 v 的权重,权重初始值都是 0。基于这个核心数据结构,最大势算法 mcs() 的代码实现是:

```
1  w[i] = {0}; // associate with each vertex i a weight
2  seq[];     // a linear sequence of graph vertex
3
4  bool mcs(graph g){
5    // remove vertex from the graph, to form a linear sequence
6    for i=n-1 to 0{
7      v = remove_max_weight_vertex(g);
8      for(each vertex u ∈ adj(v)){
9        w[u]++;
10     }
11     seq[i] = v; // i is also called v's order number
12   }
13   // check whether this sequence is a PEO (and thus chordal)
14   for i=0 to n-1{
15     // let A be, in seq[i+1, n-1], all neighbors of adj(seq[i])
16     A = u ∈ adj(seq[i]) and ∈ seq[i+1, n-1];
17     // m is the element, in A, with the minimal order number
18     m = min_order_element(A);
19     if(∃ y ∈ A such that y is not adjacent to m){
20       return FALSE;
21     }
22   }
23   return TRUE;
24 }
```

该算法接受任意的一个图 g 作为参数,返回一个布尔值,代表该图是否是弦图。算法主体由两个循环构成，第一个循环（代码第 6~12 行）先将该图 g 的所有节点，排成一个线性序列（存放在全局数组 $seq[]$ 中），第二个循环（代码第 14~22 行）检查该线性序列是否是完美消去序列（亦即该图是否是弦图）。

我们先讨论第一个循环，该循环每次从图 g 中移除一个权重 $w[v]$ 最大的节点 v（第 7 行）；然后将节点 v 的所有邻接点 u 的度数都自增 1（第 8~10 行）；最后，算法将节点 v 存放在序列 seq 的第 i 个下标 $seq[i]$ 处，我们称 i 是节点 v 的序号；由于在整个循环中，循环下标 i 是递减的，因此，图 g 中的节点，按照下标由大到小的顺序存放在序列 $seq[]$ 中。

第二个循环按照从前向后的顺序，检查序列 $seq[]$ 是否构成完美消去序列。算法对当前循环检查到的元素 $seq[i]$，首先取得位于该元素后面的所有其邻接点集合 $A = adj(seq[i])$（第 16 行），从集合 A 中取得序号最小的节点 m（第 18 行），如果集合 A 中存在某个节点 y，y 和节点 m 在图 g 中不相邻，则该序列 $seq[]$ 不是完美消去序列，算法执行退出返回 FALSE；否则，如果第二个循环正常结束，则可判定该线性序列 $seq[]$ 是完美消去序列，算法执行结束返回 TRUE。

我们来研究最大势算法 mcs() 在图 4.2 上的执行过程。图中每个节点 x 的初

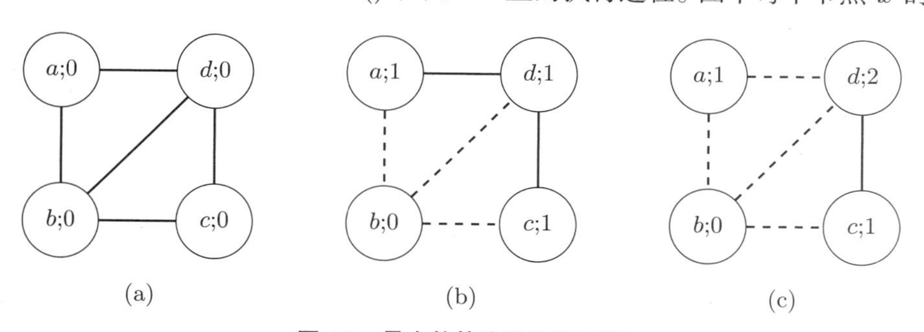

图 4.2 最大势算法的执行示例

始权重 $w[x]$ 如图 4.2(a) 所示，算法的第一个循环开始执行时，由于所有节点的权重都相同，所以我们可以选择任何一个节点进行移除，假设我们选择节点 b 进行移除，移除完 b 后图的状态如图 4.2(b) 所示；接下来，由于节点 a,c 和 d 的权重都是 1，我们还可以选择任意一个节点进行移除，假设我们移除节点 a，则移除 a 后图的状态如图 4.2(c) 所示。其他节点的移除过程类似，我们留给读者作为练习。所有节点移除后，形成的线性序列是（注意：序列由后向前形成）

$$c;2,\quad d;2,\quad a;1,\quad b;0 \tag{4.1}$$

注意,我们给每个节点也同时标记了权重。

算法的第二个循环由前向后开始对序列(4.1)进行检查。首先,算法检查节点 c,它在后续序列 $\{d,a,b\}$ 中的邻接点集合

$$A = \{d,b\}$$

节点序号最小的是节点 d,不难验证集合 A 中所有其他元素(这里只有元素 b),都和节点 d 相邻,对节点 a 的检查结束;类似地,我们可对其他节点进行检查,具体过程作为练习留给读者。

所有检查结束后,可验证上述序列确实是完美消去序列,因此该图是弦图。

最大势算法的执行时间复杂度是

$$O(V + E)$$

即算法在第一个循环中会遍历所有的节点 V,在第二个循环中会遍历所有的边 E。

在结束本小节前,我们还要强调两个重要事实:第一,对于给定的一个图 G,其完美消去序列不一定唯一。例如,图 4.2给出的示例图不止包括上面给出的完美消去序列,我们请读者自行给出该图的其他完美消去序列。第二,如果给定的图 G 不是弦图,最大势算法仍然能够得到图 G 节点的一个线性序列 $seq[]$,只不过这个线性序列 $seq[]$ 并不"完美"。例如,对于如下的非弦图:

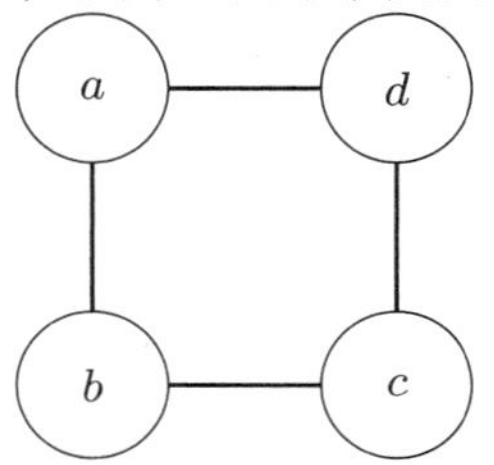

我们使用最大势算法,将得到如下可能的一个线性序列:

$$d, \quad c, \quad b, \quad a$$

但不难验证该序列并不是完美消去序列。尽管如此,这种序列在下面我们要讨论的基于弦图的分配算法中仍有重要作用。在下面,我们称这类序列为近似完美消去序列(quasi-PEO),在不引起混淆的情况下,仍简称为完美消去序列。

4.3　弦图分配算法

基于判定完美消去序列和弦图的最大势算法，本节给出基于弦图的寄存器分配算法，这个算法的优美之处在于：对于弦图，该算法总能在多项式时间内找到最优着色方案；对于非弦图，该算法依然能够保证分配结果的正确性，且实验结果表明寄存器分配的质量往往可以和其他寄存器分配算法相媲美（尽管从理论上看，着色的结果未必是最优的）。

4.3.1　分配算法

基于弦图寄存器分配算法的整体架构如下：

```
build --> PEO --> color --> spill --> coalesce
```

算法共分成五个主要步骤：

(1) build：对程序代码进行活性分析并构造干涉图 G，这个步骤和图着色的对应步骤相同；

(2) PEO：利用最大势算法，计算干涉图 G 的（近似）完美消去序列；

(3) color：对完美消去序列中的节点进行着色；

(4) spill：对无法着色的节点进行溢出；

(5) coalesce：对移动相关的节点进行接合。

在下面的基于弦图的分配算法 chordalAlloc() 中，我们先给出前三个步骤的代码，在后面 4.3.2小节，我们再给出溢出和接合的代码实现：

```
1  seq[];    // perfect elimination order
2
3  void chordalAlloc(program cfg){
4    // #1: liveness analysis to build the interference graph g
5    g = livenessAnalysis(cfg);
6    // #2: MCS algorithm to compute the PEO (save result in seq[])
7    mcs(g);
8    // #3: graph coloring
9    for i=n-1 to 0{
10     color(seq[i]);
```

```
11    }
12    // #4 & #5: spill and coalesce, to be discussed in next section
13  }
```

算法 chordalAlloc() 接受程序的控制流图形式 cfg 作为输入,完成对节点的着色。算法首先调用活跃分析的算法 livenessAnalysis(),计算得到程序控制流图 cfg 的干涉图 g（第 5 行）;然后调用最大势算法 mcs(),计算得到干涉图 g 的完美消去序列,该序列存储在 seq[] 中（第 7 行）;最后,算法对得到的完美消去序列 seq[],按由后向前的顺序（逆序）,对节点进行着色（第 9~11 行）。需要注意的是:在这个着色过程中,我们先假定有无限多可用的颜色,这样,对图进行着色总能够成功;对溢出的处理将放在下面小节讨论。

作为算法运行的示例,我们仍考虑前面讨论过的示例干涉图,如图 4.3(a) 所示。其完美消去序列是

$$a, \quad c, \quad d, \quad b$$

算法的着色过程在上述完美消去序列的逆序上进行,即从节点 b 开始,向节点 a 进行。假设一共有 3 种可用的颜色,则着色的结果如图 4.3(b) 所示。不难验证:由于该图中存在 K^3 子图,因此该着色方案是对该图的最优着色方案。

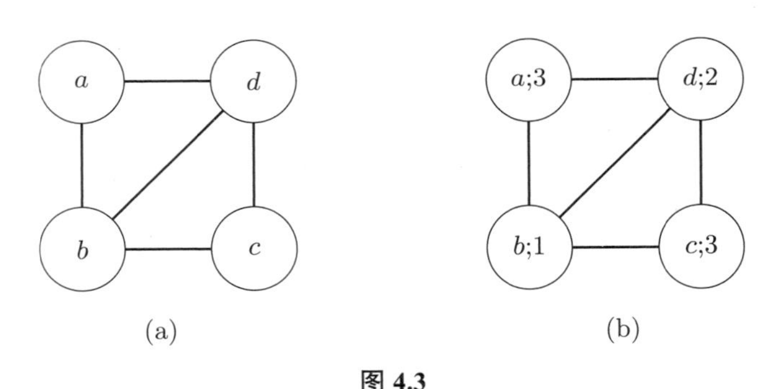

图 4.3

如果我们假定实际只有 2 种可用的颜色,由于在着色阶段,我们要求先假定有无限多颜色可用,因此对该干涉图着色的结果仍然如图 4.3(b) 所示,但实际上其中着色为 3 的变量是个虚拟颜色,该变量实际上要进行溢出。一般情况下,大于实际物理寄存器数量 K 的颜色都要进行溢出。

4.3.2 溢出

由于弦图寄存器分配的溢出发生在图着色完成之后，这种溢出又被称为后溢出（post spilling）；我们想再次强调：在着色阶段，我们先假定颜色数量是无限的。在一般情况下，为了达到分配算法最优，我们自然要问的问题是：对于弦图着色算法来说，是否存在高效的最优溢出算法？遗憾的是，该问题的答案是否定的。对于一般情况，这个问题是一个 NP 完全问题；即便在物理寄存器数量固定为常数 K 的情况下，溢出算法的理论运行时间复杂度仍达到

$$O(V^K)$$

对于典型的精简指令集体系结构而言，通常寄存器数量 $K=32$，因此，这个时间复杂度对于节点数量 V 较大的干涉图 G，仍然不是现实可行的。

为了简化算法的实现，我们可以采用在第 3 章中讨论过的溢出策略，即保留所有 K 个物理寄存器中的 R 个，专门用于溢出变量的临时存储，其中 R 是一条语句中的使用或定义的变量最大个数。

假设在着色阶段，变量 x 所分配的颜色超出了可用颜色的范围，则 x 的使用和定义

```
1  ... = x;
2  ...
3  x = ...;
```

会被编译器改写成

```
1  r_i = [l_x];
2  ... = r_i;
3  ...
4  r_i = ...;
5  [l_x] = r_i;
```

其中 r_i 是 R 个保留寄存器之一，l_x 是变量 x 的溢出地址。

对于溢出，还有两个关键点值得指出：第一，由于溢出发生在着色阶段之后，且只涉及局部代码重写，所以这个执行顺序，保证了算法能够一遍执行结束。第二，编译器具体要溢出哪些变量同样需要仔细考虑，最简单的策略是在着色完成后，溢出超过物理寄存器数量 K 的高编号节点；编译器还可以考虑更精细的溢出策略，

例如,编译器可以计算每个节点 x 的溢出代价 $cost(x)$,并根据该代价进行溢出决策,等等。这需要编译器的实现者根据具体的场景,仔细地进行权衡。

4.3.3 接合

由于在基于弦图的寄存器分配中,接合发生在寄存器分配和溢出完成之后,因此我们只能采用某些启发式算法实现接合。我们可以采用如下两个启发式策略:

(1) 如果移动边 (x,y) 涉及的两个节点 x 和 y 正好被编译器分配了相同的颜色 r,则可以把该移动边移除;这种情况是平凡的,编译器可以通过窥孔优化实现。

(2) 如果移动边 (x,y) 涉及的两个节点 x 和 y 颜色不同,则编译器首先计算节点 x 所有邻接点的颜色集合 C_x,同理,编译器计算节点 y 的所有邻接点的颜色集合 C_y;如果总的颜色 K 中还存在 $C_x \bigcup C_y$ 之外的某个颜色 c,即

$$c \in \{0,\cdots,K-1\}$$

但

$$c \notin C_x \bigcup C_y$$

则编译器可将两个节点 x 和 y 颜色都重新染成颜色 c。

考虑如图 4.4(a) 所示的干涉图,假定有 $K=4$ 种可用颜色,假设对该干涉图着色后,得到如图 4.4(b) 所示的着色结果,由于移动边 (b,e) 中的节点 b 和 e 的颜色同为 2,因此,我们将这两个节点接合成 $b\&e$,接合完成后得到图 4.4(c)。

我们继续考虑如图 4.5(a) 所示的干涉图。其一种可能的着色方案如图 4.5(b) 所示,其中移动边 (a,e) 涉及的节点 a 和 e 分别被分配了颜色 1 和 2。我们用上述第二个启发式策略尝试对两个节点进行接合,首先,我们计算节点 a 和 e 的邻接点的颜色集合

$$C_a = \{2,3\}$$
$$C_e = \{1,3\}$$

由于有

$$4 \notin C_a \bigcup C_e$$

我们可以使用颜色 4 作为接合后的节点 $a\&e$ 的颜色,接合的结果见图 4.5(c)。

基于上面讨论的启发式接合策略,我们给出如下接合算法 chordalCoalesce():

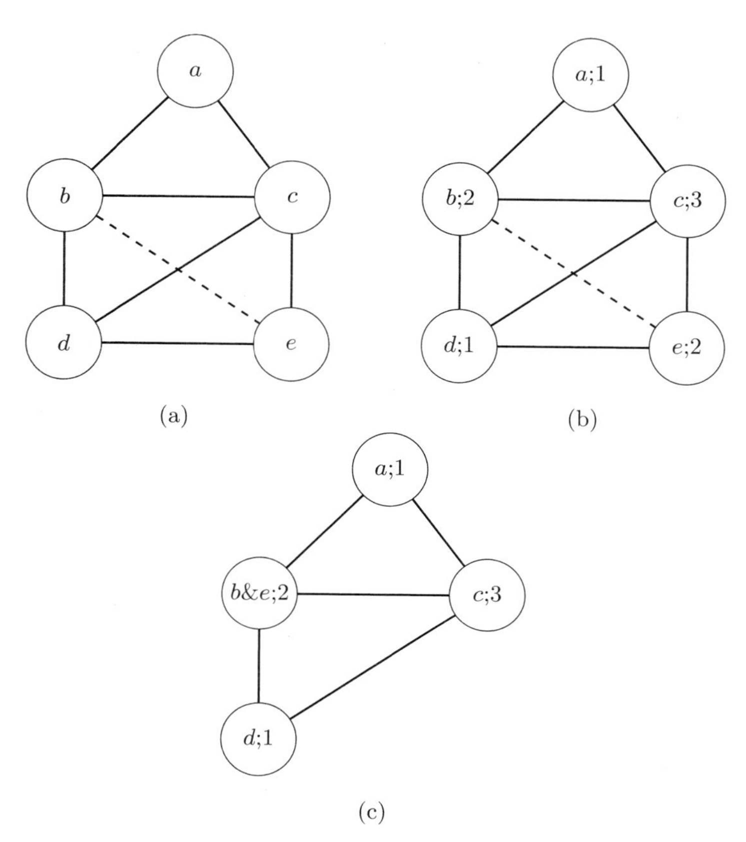

图 4.4 干涉图及其着色与接合

```
1  // The control-flow graph "g" has been colored
2  void chordalCoalesce(graph g){
3    for(each move-related edge (x, y)∈ E){
4      C_x = ⋃ all colors of adj(x);
5      C_y = ⋃ all colors of adj(y);
6      // there is a feasible color
7      if(there is some color c ∉ (C_x ∪ C_y) and c < K){
8        addNode(x&y);
9        color(x&y) = c;
10       for(each node m ∈ adj(x))
11         addEdge(x&y, m);
12       for(each node n ∈ adj(y))
13         addEdge(x&y, n);
```

```
14        removeNode(x);
15        removeNode(y);
16      }
17    }
18  }
```

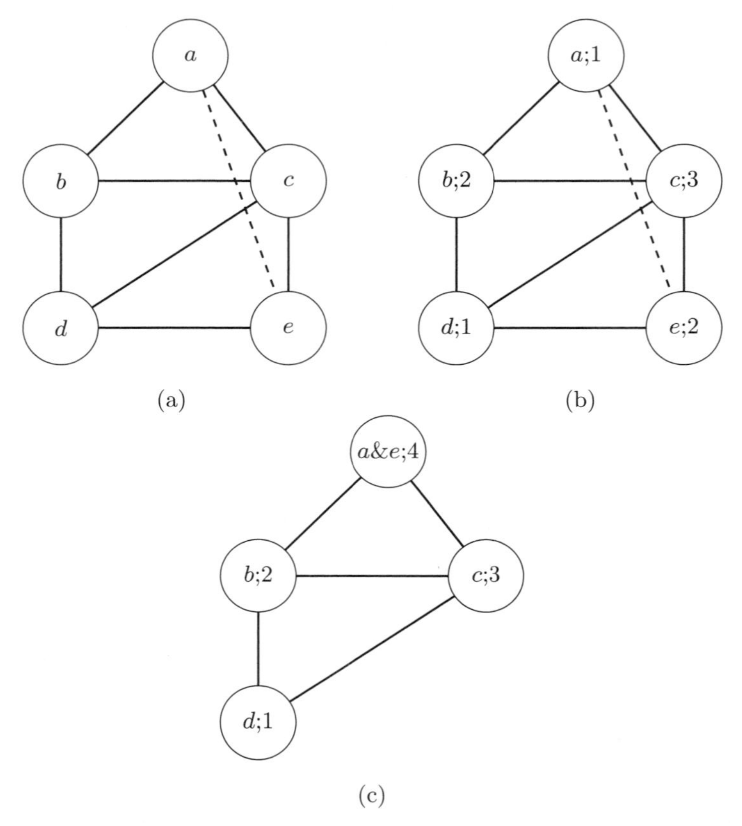

图 4.5　干涉图及其着色与接合

接合算法 chordalCoalesce() 接受已经被着色过的干涉图 g 作为输入,尝试接合图 g 中的所有移动边 (x,y);由于我们在上面讨论第二种启发式接合策略时,已经对该算法的核心步骤进行了解释,此处不再赘述。

4.3.4　时间复杂度

在结束本小节的讨论前,我们讨论下弦图分配算法的最坏运行时间复杂度。

假定程序中的语句个数为 N、变量个数为 V、干涉图的边数为 E,则弦图分配

算法的几个主要阶段运行时间复杂度如表 4.1 所示。在着色阶段,编译器使用了最大势算法,因此最坏时间复杂度为

$$O(V + E)$$

在溢出阶段,编译器需要扫描所有语句,并对需要溢出的变量的定义和使用进行重写,因此时间复杂度为

$$O(N)$$

在接合阶段,编译器需要扫描所有边,因此时间复杂度为

$$O(E)$$

表 4.1

运行阶段	活跃分析	着色	溢出	接合
时间复杂度	$O(N \times V)$	$O(V + E)$	$O(N)$	$O(E)$

总之,如果不计入活跃分析这个公用阶段,弦图分配算法总的时间复杂度是

$$O(V + E)$$

即这是一个多项式时间复杂度的算法。

与第 3 章中讨论的线性扫描分配算法类似,弦图分配算法同样也是一个轻量级的分配算法,适用于对编译速度要求较高的场景中。

4.4 深入阅读

Dirac[56] 详细讨论了弦图及其性质,其中包括对定理 4.1 的证明;Gavril[57] 讨论了对完美消去序列的基于贪心策略的着色算法,并且证明了该算法对于弦图可以产生最优着色结果;Golumbic[61]、Tarjan 等人[58]讨论了计算完美消去序列的最大势算法,并且证明了其运行时间复杂度为 $O(V + E)$。

Anderson[59]研究了由 George 等人[60]给出的 27921 个实际的干涉图的测试集,发现如果不考虑物理寄存器和变量间的干涉,则这些干涉图中的 95.6% 实际

上都是弦图，Anderson 给出了一个最坏运行时间复杂度指数级的算法，但该算法在弦图上的运行效率仍然比对应的图着色算法高。Pereira 等人 [25]研究了基于弦图的寄存器分配算法，讨论了溢出和接合，他们分析了 Java 1.5 运行时 rt.jar 中的 23681 种方法，发现其中 91% 的方法的干涉图是弦图，如果对这些方法进行基于 SSA 的变换和优化，则其中 95.5% 的干涉图是弦图。

第 5 章　SSA 分配

静态单赋值（Static Single-Assignment，SSA）形式是现代优化编译器中广泛使用的一种中间表示，它有很多非常重要的性质，使得很多程序分析和程序优化在这种中间表示上特别容易完成。本章讨论基于程序的 SSA 表示形式的寄存器分配技术，简称 SSA 寄存器分配。首先，我们简要讨论 SSA 形式及其主要性质，这些理论知识在后续对寄存器分配算法的讨论中会用到；其次，我们讨论 SSA 形式上的活跃分析和干涉图，证明 SSA 形式的干涉图总是弦图；最后，我们讨论 SSA 形式上的寄存器分配算法、溢出和接合，以及算法的运行时间复杂度。

5.1　SSA 及其基本性质

SSA 是广泛用在优化编译器中的一种重要中间表示，有很多重要性质，这些性质会在本章后面我们讨论基于 SSA 的寄存器分配算法时用到，因此，我们在 5.1.1 小节先对 SSA 形式的主要性质做个简要讨论。

5.1.1　SSA 的性质与构造

SSA 的核心特性是每个变量在程序中只能被（静态）赋值一次。这里要强调静态的原因是如果该赋值位于一个循环中，则赋值在实际运行中可能被执行多次。

将程序编译成 SSA 形式，会带来很多好处：

(1) 程序分析和优化相关的数据结构会更加简单。例如，对于某个有 M 个定义和 N 个使用的变量 x 来说，其定义–使用链的空间复杂度一般是 $O(M \times N)$，而在 SSA 上，由于变量 x 只有唯一一个定义，因此这些数据结构一般只有线性复杂度。

(2) 程序优化算法也会变得更加简单。例如，对于常量传播，不需要再进行迭代数据流分析，只需考察变量的唯一定义即可。

(3) 程序语义更加清晰。程序的源代码一般会复用相同的变量名，将程序转换成 SSA 后，不同的变量将使用不同的名字。例如，在如下程序中，变量 x 被复用（在两条语句中，被重复赋值）：

$$
\begin{aligned}
&x = \cdots;\\
&y = x;\\
&\cdots;\\
&x = \cdots;\\
&z = x;
\end{aligned}
$$

将上述代码转换成 SSA 形式后，变量 x 被明确区分成不同的实体：

$$
\begin{aligned}
&x_1 = \cdots;\\
&y = x_1;\\
&\cdots;\\
&x_2 = \cdots;\\
&z = x_2;
\end{aligned}
$$

经过转换后的程序，已经呈现函数式编程的风格：变量只被绑定，从不重复赋值。事实上，SSA 和函数式编程之间紧密的联系，已经被深入研究过。

把不含控制流的程序转换成 SSA 形式相对容易，我们只需要用一个映射表记录变量的“版本号”即可：变量的每个定义产生一个新的版本号，变量的每个使用引用最近的版本号；而对于含有控制流的程序，由于会有不同的变量版本汇集到同一个使用点，所以会给变量定义的确定带来困难。例如，考虑图 5.1(a) 中的控制流图（我们在第 1 章讨论过该程序示例），第 8 行代码

$$s = s + i$$

对变量 s 的使用，可能来自第 2 行的定义

$$s = 0$$

（如果控制流的边从基本块 L_0 到 L_1 再到 L_2），也可能来自第 8 行的定义（如果控制流的边从基本块 L_2 到 L_1 再回到 L_2，即执行了一轮循环）。

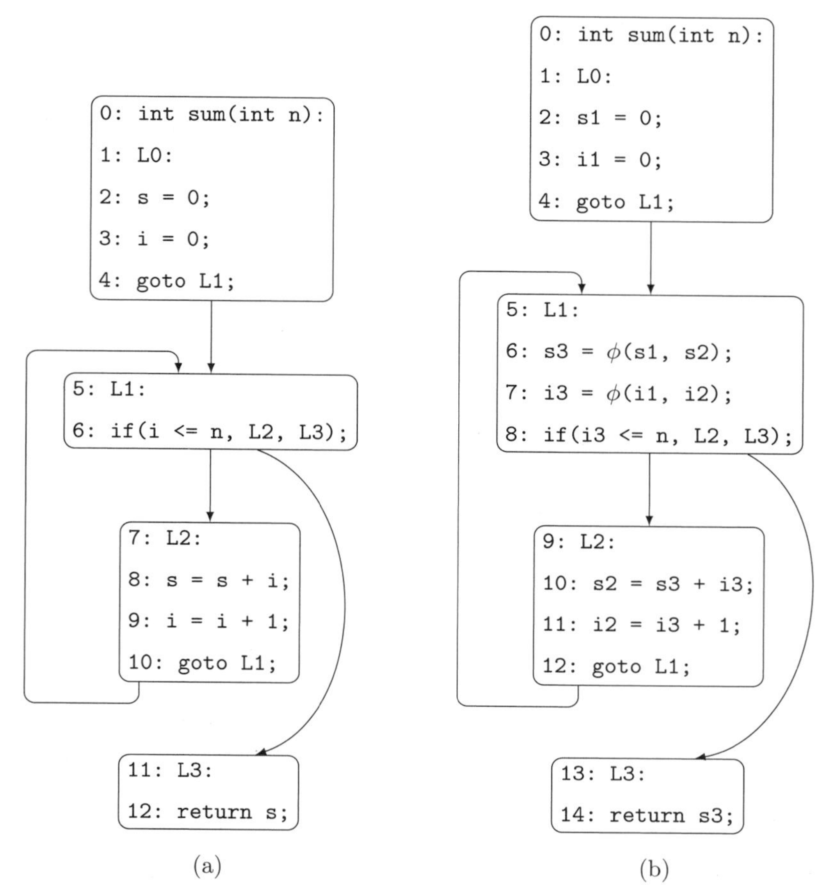

图 5.1　控制流图及其 SSA 形式

SSA 引入了 ϕ 语句来解决这个困难，例如，我们对上面程序添加 ϕ 语句后构造的 SSA 形式如图 5.1(b) 所示，注意到我们在基本块 L_1 中增加了两条新的 ϕ 语句，分别关于变量 s 和变量 i；尽管这两条 ϕ 语句看起来像函数调用，但它们的功能是根据控制流跳转的具体情况，进行参数的选择，并赋值给左侧的变量；以第一条 ϕ 语句

$$s_3 = \phi(s_1, s_2)$$

为例，当控制流的边从基本块 L_0 到达 L_1 时，ϕ 节点会选中第一个参数 s_1，并将其赋值给左侧的变量 s_3；当控制流的边从基本块 L_2 到达 L_1 时，ϕ 节点会选中第二个参数 s_2，并将其赋值给左侧的 s_3。

引入 ϕ 语句后，我们可以将在 1.1节给出的控制流图的定义进行扩展，给出如

图 5.2所示的 SSA 的定义。和控制流图的定义相比,SSA 形式的基本块 B 中增加了一个 ϕ 语句的列表 I,列表 I 中的每条 ϕ 语句要满足一些语法约束,例如,所有 ϕ 语句的参数数量相同(等于其前驱基本块的数量),左侧被赋值的变量互不相同,等等。

```
P ::= F*
F ::= f(x*) {B*}
B ::= L: I* S* J
I ::= y = ϕ(x*)
S ::= y = τ(x*) | y = f(x*) | [y] = x | y = [x] | y = x
J ::= goto L | if(x, cond, y, L1, L2) | return x
```

图 5.2 SSA 的定义

5.1.2 ϕ 语义

存在非常高效的算法,可以通过插入额外的 ϕ 节点,将普通程序转换为等价的 SSA 形式,感兴趣的读者可以参考关于 SSA 构建的专门算法。接下来,我们要重点讨论 ϕ 节点的语义。尽管看起来 ϕ 节点像是串行赋值语句,但实际上 ϕ 节点的语义是并行赋值(parallel assignment),即一个基本块 B 中所有连续的 ϕ 节点,同时根据控制流的跳转,选中相应的参数 x,赋值给左侧的变量 y。串行赋值和并行赋值有微妙的区别,考虑下面的示例代码:

$$x = \phi(y, y)$$
$$y = \phi(x, x)$$

并行执行实际上完成了变量 x 和 y 的值交换,即上述 ϕ 语句序列等价于如下顺序语句:

$$t_1 = y$$
$$t_2 = x$$
$$x = t_1$$
$$y = t_2$$

为了强调 ϕ 节点赋值的并行性,我们可以把位于同一个基本块 B 中的所有 ϕ

节点写成矩阵形式。假设基本块 B 具有 n 个前驱节点，且包括 m 条 ϕ 语句:

$$\begin{gathered} y_1 = \phi(x_{11}, \cdots, x_{1n}) \\ \vdots \\ y_m = \phi(x_{m1}, \cdots, x_{mn}) \end{gathered}$$

我们可将其写为

$$\begin{pmatrix} y_1 \\ \vdots \\ y_m \end{pmatrix} = \Phi \begin{pmatrix} x_{11} & \cdots & x_{1n} \\ \vdots & & \vdots \\ x_{m1} & \cdots & x_{mn} \end{pmatrix}$$

其中符号 Φ 表示当控制流从基本块 B 的第 i 个前驱流入时，选中右侧矩阵的第 i 列向量

$$\begin{pmatrix} x_{1i} & \cdots & x_{mi} \end{pmatrix}^{\mathrm{T}}$$

然后（并行）赋值给左侧向量

$$\begin{pmatrix} y_1 & \cdots & y_m \end{pmatrix}^{\mathrm{T}}$$

重新考虑图 5.1中的示例，对于基本块 L_1，我们有

$$\begin{pmatrix} s_3 \\ i_3 \end{pmatrix} = \Phi \begin{pmatrix} s_1 & s_2 \\ i_1 & i_2 \end{pmatrix}$$

在本章中，我们会分别用到 ϕ 和 Φ 两种表示，请读者注意区分。

5.1.3 SSA 消去

由于目前主流的指令集体系结构都不支持 ϕ 指令，我们把程序转换成 SSA 形式，并在 SSA 形式上完成程序分析和优化等任务后，还要把其中的 ϕ 语句转换成不含 ϕ 的普通指令，以便让程序能够在普通硬件上执行，这个过程称为 SSA 消去。

进行 SSA 消去时，对于一个包含 ϕ 语句且有 N 个前驱的基本块 B，根据 ϕ 语句的语义，我们需要把每个 ϕ 语句转换成 N 条赋值语句，分别放置在基本块 B 的 N 条入边上（从概念上看）。

例如，考虑图 5.1中给出的示例程序，我们按上述策略，消去基本块 L_2 中的 ϕ 语句，得到如图 5.3所示的控制流图，注意到基本块 L_1 的两条入边上分别放置了两条赋值语句。

从实现角度看，这种 ϕ 语句消去策略，要求我们增加两个新的基本块（包括连接这些基本块的必要的边），插入包含 ϕ 语句的基本块 B 及其前驱块之间，用来放置这些新增加的（从概念上看在边上的）赋值语句。尽管这个操作可行，但从技术操作层面讲，这种策略实现起来不是特别方便，也并不必要。仔细观察会发现：我们可以把这些新增的赋值语句，沿着有向边继续向上“推送”，放置在 ϕ 语句所在基本块的前驱块结尾处，这样就不必增加新的基本块和边。

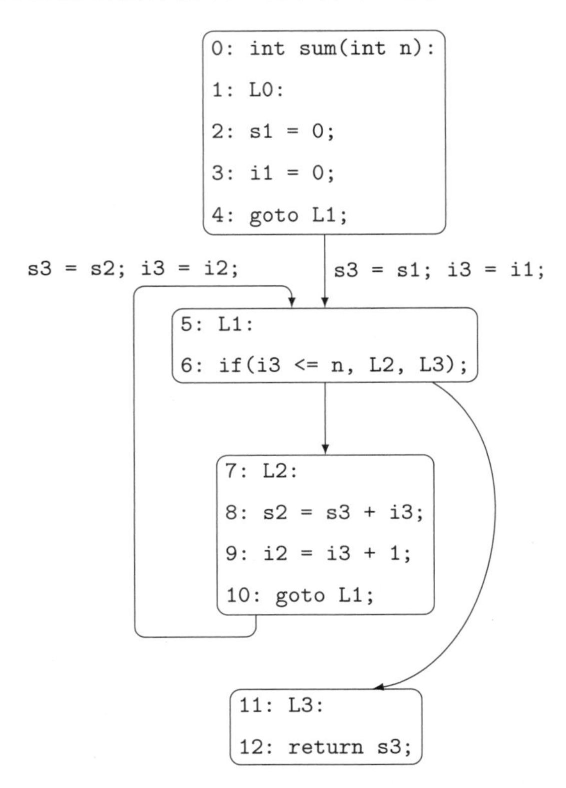

图 5.3　消去 SSA 中 ϕ 节点后的控制流图

经过这个操作，我们得到如图 5.4所示的控制流图。可以看到，该流图已经正确表达了原始 SSA 程序的语义。

对于 SSA 的消去，还有两个关键问题需要注意：

(1) 拷贝丢失问题（lost copies）。考虑图 5.5(a)，基本块 L_3 有两个前驱块 L_0 和 L_1，则将基本块 L_3 中的 ϕ 节点消除后，得到图 5.5(b)。可以看到，赋值语句

$$x_3 = x_1$$

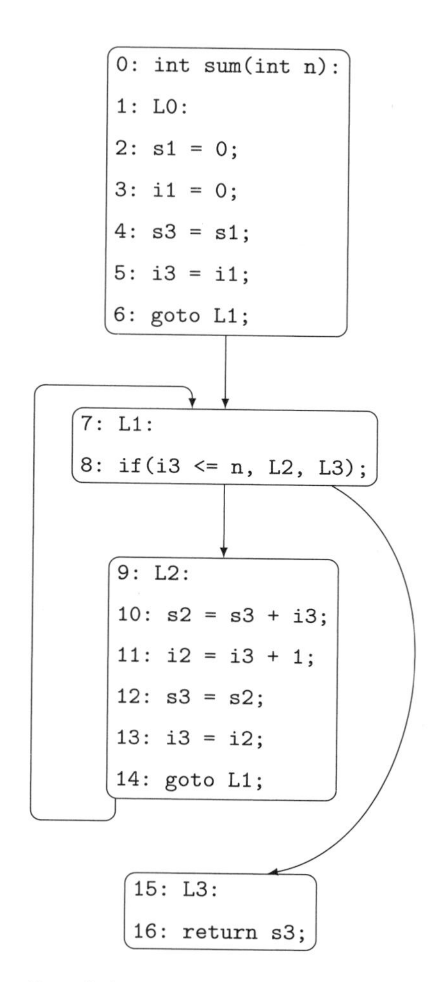

图 5.4　将 ϕ 节点消去并放置在前驱基本块形成的控制流图

在从基本块 L_0 到 L_2 的执行路径上,被错误地多执行了一次,这可能导致错误的

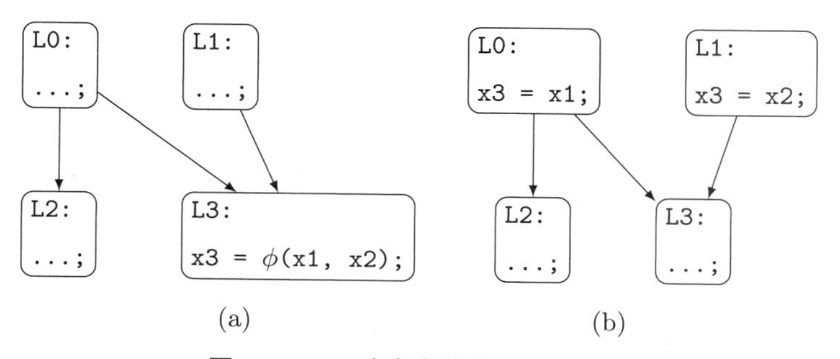

图 5.5　SSA 消去中的拷贝丢失问题

执行结果。解决这个问题的办法比较直接：注意到从基本块 L_0 到 L_3 的边是一条关键边（critical edge），我们需要在基本块 L_0 到 L_3 之间，插入一个新的基本块，并将关键边删除。

(2) ϕ-交换问题（ϕ-swap）。我们前面讨论过，ϕ 语句的并行赋值特性决定了并行赋值与顺序赋值有显著的区别，并且我们讨论了如下的 ϕ 语句：

$$x = \phi(y, \cdots)$$
$$y = \phi(x, \cdots)$$

语义并不等价于顺序语句序列：

$$x = y$$
$$y = x$$

解决这个问题的一般方法是对有 n 个前驱且包括 m 条 ϕ 语句的基本块 B：

$$y_1 = \phi(x_{11}, \cdots, x_{1n})$$
$$\vdots$$
$$y_m = \phi(x_{m1}, \cdots, x_{mn})$$

引入 m 个临时变量 $t_1, \cdots, t_m$，并在基本块 B 的每个前驱块 $B_i, 1 \leqslant i \leqslant n$ 的末尾，各添加 m 条顺序赋值语句：

$$t_1 = x_{1i}$$
$$\vdots$$
$$t_m = x_{mi}$$

且在当前基本块 B 的开头，添加 m 条顺序赋值语句：

$$y_1 = t_1$$
$$\vdots$$
$$y_m = t_m$$

尽管这个方法能够保证产生正确代码，但对于 ϕ 语句较多的程序，会引入较多的数据移动语句，给寄存器分配的接合节点带来挑战。我们将在 5.3.5小节，回到对 ϕ 节点接合问题的讨论。

5.2　SSA 上的活跃分析和干涉图

基于 SSA 形式进行寄存器分配的基本步骤和基于干涉图进行着色的寄存器分配的基本步骤类似，也是对程序进行活跃分析，构造干涉图，并基于对干涉图进行着色完成分配。但由于 SSA 形式具有的独特性质，在 SSA 形式上进行活跃分析以及为 SSA 形式构建的干涉图都具有非常特殊的性质。在本节，我们深入讨论 SSA 形式上的活跃分析和干涉图的构建。

5.2.1　活跃分析算法

SSA 形式的特点，决定了对其进行活跃分析和在一般控制流图上进行的活跃分析相比，存在两个基本区别：

(1) 每个变量 x 只有一个（静态）定义点：我们假定变量 x 的唯一定义点是语句 p，对于变量 x 的每个使用语句 l，我们可以从使用语句 l 出发，沿着控制流的边逆向遍历所有基本块 B，直到到达变量 x 唯一的定义点 p 为止；在遍历经过的语句处，变量 x 都是活跃的。

(2) ϕ 语句

$$y = \phi(x_1, \cdots, x_n)$$

参数中使用的变量 $x_i, 1 \leqslant i \leqslant n$ 只在对应的前驱块 B_i 处是活跃的，而在其他的前驱块 $B_j, 1 \leqslant j \neq i \leqslant n$ 处不活跃。

为了更深入理解 SSA 的这两个特点及其对活跃分析的影响，我们重新考虑图 5.1(b) 的 SSA 示例程序。对于上述第一个特点，以程序中的变量 s_3 为例，它共有两个使用点，即语句 10 和语句 14：对于语句 10 中对变量 s_3 的使用，逆向分析得到其活跃点包括语句 10,9,8,7 和 6；同理，对于语句 14 中对变量 s_3 的使用，逆向分析得到其活跃点包括语句 14,13,8,7 和 6。

对上述第二个特点，SSA 中 ϕ 语句的变量使用依赖于控制流的边，例如，以语句 6 的 ϕ 语句为例，其使用的变量包括 s_1 和 s_2，对其中的变量 s_1 进行逆向分析，将只会到达基本块 L_0，其活跃点包括语句 6,5,4,3 和 2；类似地，对变量 s_2 进行逆向分析，将只会到达基本块 L_2，其活跃点包括语句 6,5,12,11 和 10。对其他变量的活跃分析过程，与此类似，我们作为练习留给读者。

基于活跃分析的结果,我们同样可以根据变量间的干涉关系,构建 SSA 形式的干涉图。例如,仍考虑图 5.1(b) 的示例程序,我们为该程序构建的干涉图如图 5.6所示。读者可将图 5.6与程序非 SSA 形式下的干涉图 1.4做对比。

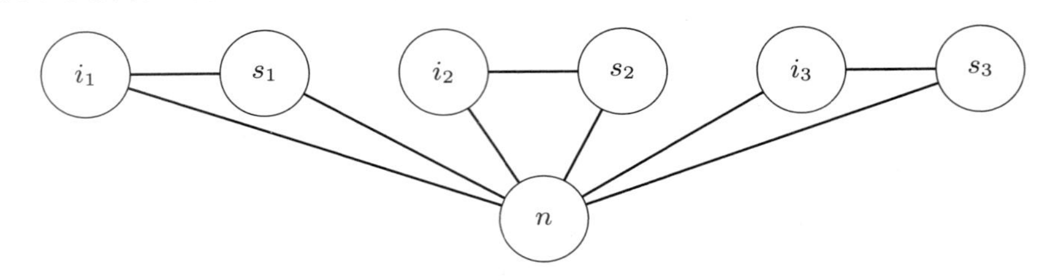

图 5.6 示例 SSA 程序的干涉图

基于对上述示例研究,我们给出对 SSA 形式做活性分析的算法 ssa_liveness():

```
1  // Input: the program "cfg" is already in SSA form
2  // Output: the interference graph
3  void ssa_liveness(program cfg){
4   for(each variable "x" in the program cfg){
5     scanned_blocks = {};
6     for(each use site "s" of "x"){
7       if(s is a φ with x the i^th argument){
8         Pi = predecessor(B, i); // B is the current block
9         scan_block(Pi, x);
10      }else{
11        scan_liveIn(s, x);
12      }
13    }
14  }
15 }
16
17 void scan_block(B, x){
18   if(B ∈ scanned_blocks)
19     return;
20   scanned_blocks ∪= {B};
21   s = get_last_stm(B);
22   scan_liveOut(s, x);
23 }
```

```
24
25 void scan_liveIn(s, x){
26   if("s" is the first statement in the current basic block B){
27     for(each predecessor P of B)
28       scan_block(P, x);
29   }else{
30     t = precedingOf(s);
31     scan_liveOut(t, x);
32   }
33 }
34
35 void scan_liveOut(s, x){
36   D = defs(s);
37   for(each y ∈ D and y ≠ x)
38     interference(x, y);
39   if(x ∉ D)
40     scan_liveIn(s, x);
41 }
```

整个算法分成四个小的函数,其整体功能分别如下:

(1) ssa_liveness():对 SSA 程序中所有变量 x 进行活跃分析;

(2) scan_block():对单个基本块 B 进行分析;

(3) scan_liveIn():对单条语句 s 的活跃流入变量进行分析;

(4) scan_liveOut():对单条语句 s 的活跃流出变量进行分析。

接下来,我们分别具体讨论每一个函数。

函数ssa_liveness()对程序的每个变量都进行一遍扫描(第 4 行),为了处理流图中的循环,该函数为每个变量设置了一个已扫描基本块的列表 scanned_blocks,该列表初始为空。接着,算法扫描当前变量 x 的每个使用点 s,如果该使用点的语句 s 是一个 ϕ 语句、x 是该 ϕ 语句的第 i 个参数,且假设当前所在的基本块是 B,则算法直接跳转到基本块 B 的第 i 个前驱 P_i,调用基本块的扫描算法 scan_block() 继续扫描(第 9 行);否则,ssa_liveness() 直接就从语句 s 开始,调用算法 scan_liveIn() 逆向向前扫描语句(第 11 行)。

函数 scan_block() 完成对一个基本块 B 的扫描:假设该基本块 B 已经被扫

描过（算法第 18 行），则算法可直接返回；否则，从基本块 B 的最后一条语句 s 开始，调用函数 scan_liveOut() 逐条扫描每个语句。

函数 scan_liveIn() 从语句 s 的活跃流入变量 x 开始，向前计算其前驱语句 t 的活跃流出变量（第 30 行）。这里有个边界情况需要考虑，即如果语句 s 已经是基本块的第一条语句，则需要扫描 s 所在基本块的所有前驱基本块（第 27 行）。

函数 scan_liveOut() 从语句 s 的活跃流出变量 x 开始，向前扫描其自身的活跃流入变量。在这个过程中，可以根据变量干涉的情况，构造干涉图（第 38 行），注意到这个过程直接使用了第 1 章中讨论过的干涉图构造算法。

5.2.2 SSA 与弦图

本小节证明 SSA 形式干涉图的一个基本定理：SSA 形式的干涉图都是弦图（我们在 4.1节中，已经详细讨论了弦图及其基本性质）。SSA 形式干涉图的这个基本性质，将对本章剩余内容的讨论起到重要作用。

在 SSA 形式中，由于每个变量 x 只有唯一的定义，因此，对于变量 x，我们记其（唯一的）定义点为 $\mathcal{D}_x$；对于变量定义和使用间的*支配*（dominance）关系，如果语句 s 支配语句 t，我们记为

$$s \preceq t$$

注意，有的文献也把支配关系称为*必经关系*。在本书中，我们统一使用前者。

给定程序中的变量 x，关于其活跃点 s 和支配关系 $\preceq$，我们有如下定理。

定理 5.1 如果变量

$$x \in liveOut(s)$$

则

$$\mathcal{D}_x \preceq s$$

证明 (*反证法*) 假设

$$\mathcal{D}_x \npreceq s$$

即从程序执行入口点，存在一条路径 p 不经过 $\mathcal{D}_x$ 而到达 s；而变量 x 在语句 s 处活跃，意味着有某个变量 x 的使用语句 s' 可逆向到达 s。以上两个事实意味着：从程序执行入口点存在一条路径，不经过 $\mathcal{D}_x$，就可以到达变量 x 的某个使用点 s'，这和 SSA 的性质矛盾。故原命题成立。 □

这个定理实际意味着：任意变量 x 的（唯一）定义点 $\mathcal{D}_x$，支配 x 的所有活跃点。

定理 5.2 如果

$$x, y \in liveOut(s)$$

则

$$\mathcal{D}_x \preceq \mathcal{D}_y \quad \text{或} \quad \mathcal{D}_y \preceq \mathcal{D}_x$$

证明 根据定理 5.1，有 $\mathcal{D}_x \preceq s$ 且 $\mathcal{D}_y \preceq s$，而支配关系 $\preceq$ 具有树结构，因此，我们有 $\mathcal{D}_x \preceq \mathcal{D}_y$ 或者 $\mathcal{D}_y \preceq \mathcal{D}_x$。□

注意到，如果变量 x 和 y 都在语句 s 处活跃，则它们相互干涉，又由于其支配关系，干涉图里的边实际上是有向边。例如，如果有 $\mathcal{D}_x \preceq \mathcal{D}_y$，则干涉图里的边由变量 x 指向变量 y。

定理 5.3 如果变量 x 和 y 干涉，且 $\mathcal{D}_x \preceq \mathcal{D}_y$，则变量 x 在 $\mathcal{D}_y$ 处活跃。

证明（反证法） 假设变量 x 在 $\mathcal{D}_y$ 处不活跃，则变量 x 和 y 不会干涉，导出矛盾。□

定理 5.4 变量 x 和 y 干涉，且变量 y 和 z 干涉，但 x 和 z 不干涉。如果

$$\mathcal{D}_x \preceq \mathcal{D}_y$$

则

$$\mathcal{D}_y \preceq \mathcal{D}_z$$

证明 由于变量 y 和 z 干涉，所以我们有 $\mathcal{D}_y \preceq \mathcal{D}_z$ 或者 $\mathcal{D}_z \preceq \mathcal{D}_y$。假设 $\mathcal{D}_z \preceq \mathcal{D}_y$ 成立，则变量 z 在 $\mathcal{D}_y$ 处活跃，同理，由于变量 x 在 $\mathcal{D}_y$ 处活跃，则变量 x 和 z 干涉，这和题设条件矛盾。故只可能 $\mathcal{D}_y \preceq \mathcal{D}_z$ 成立。□

基于以上几个定理，我们可以证明 SSA 形式的干涉图 G，不会包含长度大于等于 4 的无弦环，即如下定理。

定理 5.5 SSA 形式的干涉图都是弦图。

证明（反证法） 假设存在 SSA 形式的干涉图 G 不是弦图，则在干涉图 G 中必存在长度大于等于 4 的无弦环 C，不妨假设该环 C 是

$$x_1, \quad x_2, \quad \cdots, \quad x_{n-1}, \quad x_n$$

其中 $n \geqslant 4$。由于变量 x_1, x_2 干涉，不失一般性，假设 $\mathcal{D}_{x_1} \preceq \mathcal{D}_{x_2}$，反复应用定理 5.4，我们得到如下的支配关系：

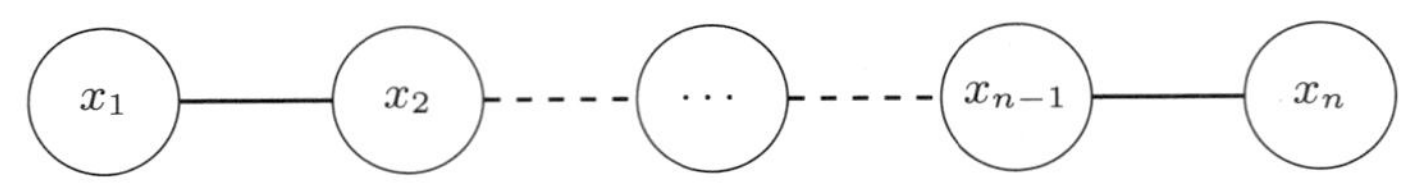

所有的变量 $x_1, x_2, \cdots, x_{n-1}, x_n$ 由于支配关系 $\preceq$，而排成了一个线性序列。由于变量 x_1 和 x_n 相互干涉，因此存在一个程序点 s，变量

$$x_1, x_n \in liveOut(s)$$

由定理 5.1，我们有

$$x_n \preceq s$$

则从变量 $x_i, 1 \leqslant i \leqslant n$ 都有路径可以到达 s，因此，变量 x_1 在这些程序点都活跃，即变量 x_1 和变量 $x_i, 2 \leqslant i \leqslant n$ 都干涉，这和题设矛盾。故原命题成立。 □

这里需要注意的是，弦图可以包括长度为 3 的环。例如，对于 SSA 程序：

```
1  a = ...;
2  b = ...;
3  c = ...;
4  print(a+b+c);
```

不难验证其干涉图是包括长度为 3 的环的三阶完全图 K^3（见图 5.7(a)）。

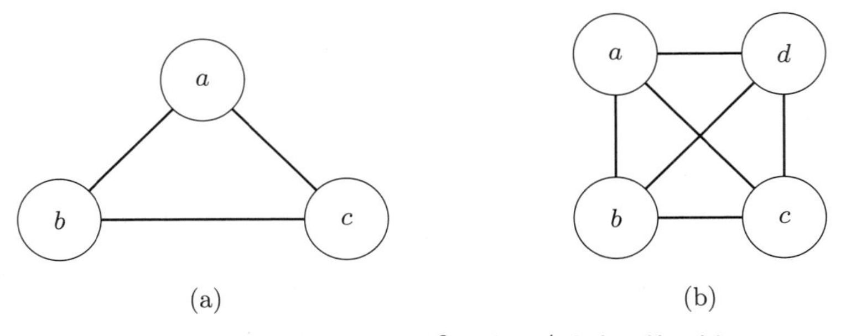

图 5.7 SSA 的干涉图是 K^3 或者 K^4 完全图的示例

但对程序稍加修改：

```
1  a = ...;
2  b = ...;
3  c = ...;
4  d = ...;
```

```
5 print(a+b+c+d);
```

不难验证其干涉图是四阶完全图 K^4（见图 5.7(b)）。

重新思考在第 2 章中讨论过的定理 2.1，我们会对 SSA 与弦图之间的关系有更深刻的理解。给定如图 5.8(a) 所示的干涉图：

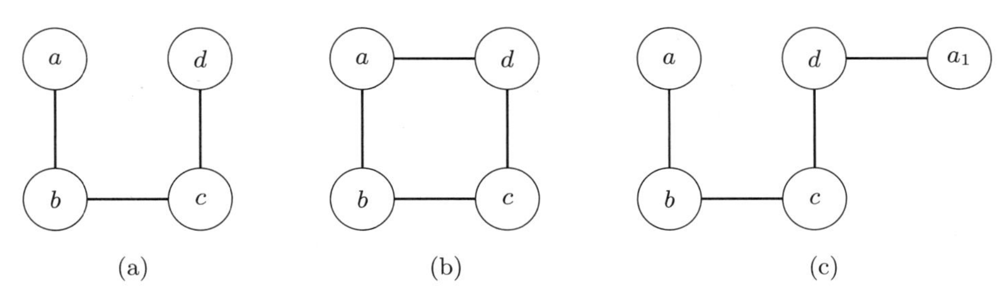

图 5.8　SSA 形式与其干涉图之间的关系

注意到该干涉图是弦图，根据定理 2.1，我们可构造该弦图对应的程序：

```
1 a = ...;
2 b = ...;
3 ... = a + b;
4 c = ...;
5 ... = b + c;
6 d = ...;
7 ... = c + d;
```

不难验证上述程序满足 SSA 形式。

我们在图 5.8(a) 中，再添加一条边 (a,d)，从而形成如图 5.8(b) 所示的干涉图，显然该干涉图不是弦图，则该干涉图对应的程序是：

```
1 a = ...;
2 b = ...;
3 ... = a + b;
4 c = ...;
5 ... = b + c;
6 d = ...;
7 ... = c + d;
8 a = ...;
9 ... = d + a;
```

注意到上述程序中的变量 a 在第 8 行被重复定义，因此，程序已经不再满足

SSA 形式。

而如果我们用 SSA 构造算法,将上述程序转换成 SSA:

```
1 a = ...;
2 b = ...;
3 ... = a + b;
4 c = ...;
5 ... = b + c;
6 d = ...;
7 ... = c + d;
8 a1 = ...;
9 ... = d + a1;
```

其干涉图如图 5.8(c) 所示,不难验证该干涉图是弦图。

5.3 SSA 寄存器分配算法

在本章前面几节,我们证明了 SSA 形式的理论性质;在本节,我们将给出基于这些理论性质的 SSA 寄存器分配算法:首先,我们给出基于 SSA 的寄存器分配的整体架构,然后,我们讨论寄存器分配算法,以及变量溢出、接合和 ϕ 节点消去等算法。

5.3.1 整体架构

基于 SSA 形式的性质,我们给出如下 SSA 寄存器分配的整体架构:

```
build --> spill --> color --> coalesce --> elimination
```

算法整体共分成五个主要步骤:

(1) build:构造程序的 SSA 形式;

(2) spill:对程序变量进行溢出,使得每个程序点 p 上的寄存器压力都小于等于 K,其中 K 是可供分配的物理寄存器数量;

(3) color:对程序变量进行着色;

(4) coalesce:对移动相关的节点进行接合;

(5) elimination:将 ϕ 节点消去,从而将程序从 SSA 形式翻译成可执行形式。

算法的第一个步骤是构建程序的 SSA 形式，这个步骤有标准的高效构建算法，由于该步骤和 SSA 寄存器分配没有直接联系，我们这里不将其作为讨论重点。在接下来的几个小节，我们重点讨论剩余的 4 个步骤。

5.3.2 溢出

我们在前面几章已经讨论过图着色、线性扫描和弦图分配等分配算法，这些分配算法的溢出时机，存在一些共性，即溢出发生在着色阶段之后，如果有某个变量 x 无法被分配到寄存器中，则把 x 溢出到内存中，并且在变量的定义和使用点，分别添加适当的访存语句 store 或 load，进行变量的存取。

和上面提到的这些分配算法的阶段安排顺序不同，在 SSA 寄存器分配算法中，溢出被安排在第一个阶段，即位于着色阶段之前。SSA 分配的这种阶段安排的基本动机，是通过先进行溢出，就把 SSA 程序在每个程序点 p 上对寄存器的需求数量 N，都减小到不超过可用物理寄存器的数量 K，这个过程被称为*寄存器压力降低*。这样，经过溢出后，我们可以确保在后续着色阶段，物理寄存器肯定够用。

在 SSA 寄存器分配中，之所以能够在着色之前进行溢出，本质上还是由 SSA 形式的干涉图是弦图的事实决定的，即我们有如下定理。

定理 5.6 对于 SSA 程序 P 的干涉图 G，G 中任何诱导子图 C 是团，当且仅当 C 中所有变量在 P 的某个程序点同时活跃。

证明 必要性容易证明：如果一组变量 $x_1,\cdots,x_n$，在某个程序点 p 同时活跃，则其干涉图是团（完全图 K^n）。

再证充分性。若 n 个变量 $x_1,\cdots,x_n$ 构成一个团，则它们相互干涉，那么对于其中的任意两个不同的变量 $x_i,x_j,1\leqslant i\neq j\leqslant n$，我们都有

$$\mathcal{D}_{x_i}\preceq\mathcal{D}_{x_j}\quad \text{或}\quad \mathcal{D}_{x_j}\preceq\mathcal{D}_{x_i}$$

这意味着这 n 个变量 $x_1,\cdots,x_n$ 的定义点 $D_{x_1},\cdots,D_{x_n}$ 基于支配关系 $\preceq$ 构成了一个线性序。不失一般性，假设该线性序是

$$\mathcal{D}_{x_1}\preceq\mathcal{D}_{x_2}\preceq\cdots\preceq\mathcal{D}_{x_n}$$

则这 n 个变量 $x_1,\cdots,x_n$ 在 $\mathcal{D}_{x_n}$ 同时活跃。 □

对给定的图 G,记对图 G 着色需要的颜色数为 $\omega(G)$、其最大团的节点个数为 $\chi(G)$,则显然有

$$\omega(G) \geqslant \chi(G) \tag{5.1}$$

而如果式(5.1)中的等号严格成立,则我们称图 G 是完美图(perfect graph)。图论中的一个经典定理,表明弦图 G 是完美的,即如下定理。

定理 5.7 对于 SSA 形式的干涉图 G,我们有

$$\omega(G) = \chi(G)$$

这个定理的证明可参见文献 [61]。

由上述定理 5.6和定理 5.7,我们得到如下推论。

推论 5.1 对 SSA 形式的程序 P,我们有

$$\omega(P) = \max_{p \in P}(liveOut(p))$$

推论 5.1 可以表述为:对 SSA 形式程序 P 着色所需寄存器数量 $\omega(P)$,等于 P 所有程序点 p 上,同时活跃的变量的个数 $liveOut(p)$ 的最大值。

因此,我们可以对程序 P 进行完活跃分析后,再对程序 P 进行一次计算,得到其在每个程序点(因此也是整个程序)上所需要的寄存器的最大数量。这里,我们想再次强调这个结论的特殊之处:对于一般的干涉图 G(未必是弦图),计算图 G 所需要寄存器的最少个数 $\omega(G)$ 是 NP 完全问题;而如果干涉图是弦图,存在多项式时间算法计算其分配所需的最少寄存器个数 $\omega(G)$。

以上结论提示我们这样的寄存器分配策略:在计算得到每个程序点 p 的寄存器压力后,先进行溢出,将每个程序点 p 的寄存器压力,减小到不超过物理寄存器数量 K,这样在后续着色阶段,编译器对程序进行一遍扫描即可完成分配。

在讨论具体的溢出策略之前,我们必须首先指出其计算复杂性的基本结果:在 SSA 形式上的最优溢出是 NP 完全问题。因此,在实际中,我们用各种启发式策略,求得实际可行的近似最优解。

基于上述计算复杂性结果,我们给出如下简单的溢出策略:逐条扫描 SSA 形式中的每条语句 s,如果在这个语句 s 同时活跃的(因此也是干涉的)变量集合为

$$\{x_1, x_2, \cdots, x_n\}, \quad n > K$$

则我们将高编号的变量

$$\{x_{K+1}, x_{K+2}, \cdots, x_n\}$$

溢出。编译器给溢出的变量分配内存空间,并且保留 R 个物理寄存器,用来在计算过程中临时存放溢出变量。接着,编译器重写程序代码:对每个被溢出的变量 x,对其定义 $def(x)$,加入一条内存写操作;对变量使用 $use(x)$,加入一条内存读操作。

注意到,这个溢出策略和弦图分配中的溢出策略非常类似。但 SSA 的特殊性质,决定了 SSA 上的溢出和普通控制流图上的溢出有一个显著的不同,即如果被溢出的变量 x 是某条 ϕ 语句的参数或结果,则我们可以将相关联的参数和结果都溢出。例如,在下面的程序中:

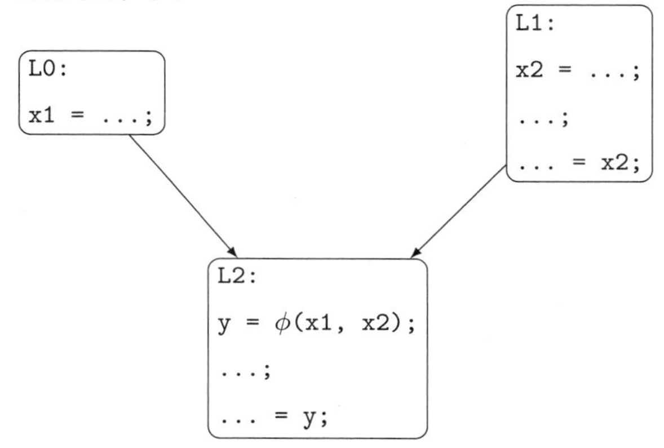

假设变量 x_2 被溢出,且假设该变量被溢出到内存地址 l_x_2 处,则程序中涉及变量 x_2 的定义和使用都要被重写。我们假设寄存器 r_1 是 R 个被保留用于溢出的物理寄存器之一,则程序代码被重写成:

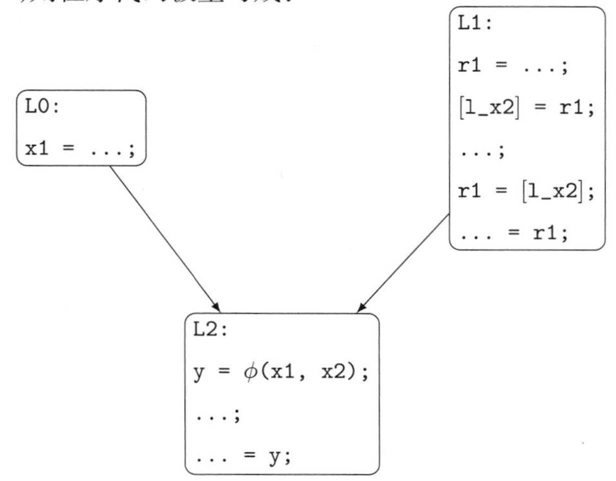

由于变量 x_1 以及 y 通过 ϕ 语句和变量 x_2 关联,因此,我们可将变量 x_1 以及 y 也都溢出到内存地址 l_x_2 处;对变量 x_1 以及 y 涉及的定义和使用,也做同样的重写,则可得到程序:

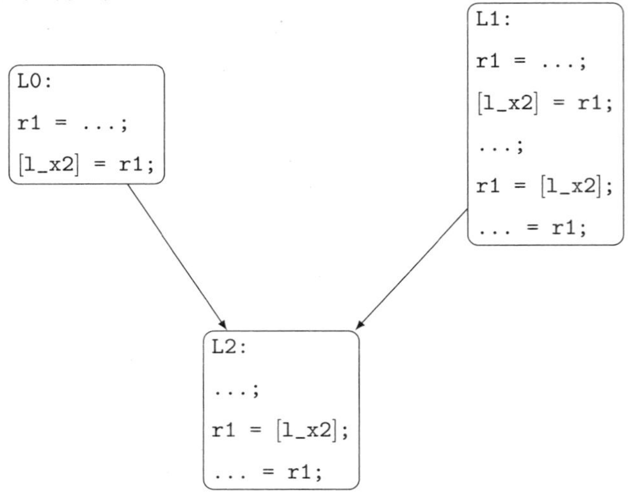

特别注意,基本块 L_2 中的 ϕ 语句已经被移除。

接下来,我们研究一个涉及 SSA 形式变量溢出的示例。重新考虑图 5.1(b) 的 SSA 形式,其干涉图如图 5.6所示,其最大寄存器压力为 3。假设目前可供分配的寄存器数量为 2,则我们必须首先进行溢出,将寄存器压力减小到 2。不妨假设编译器决定溢出变量 s_1(溢出其他变量 i_1 或者 n 等,也是可以的,作为练习留给读者),则溢出的结果程序如图 5.9所示。对该程序构建的干涉图如图 5.10所示,该干涉图的最大寄存器压力为 2,可进行寄存器分配。

在结束本小节的讨论前,我们还有一个重要的问题需要回答:我们在第 4 章讨论过弦图分配,其变量溢出发生在着色阶段之后,而在 SSA 分配中,为什么可以把溢出放在着色阶段之前?主要的原因是在弦图分配中,程序的干涉图有可能并不是弦图,因此一般无法准确得到每个程序点的寄存器压力,我们只能采用惰性策略,在着色阶段完成后,将无法成功着色的变量溢出。而对于 SSA 形式来说,由于其干涉图总是弦图,其所需寄存器的数量是静态可知的,就等于程序中同时活跃的最大变量个数,因此我们有机会先通过溢出来对程序的寄存器压力进行调整。

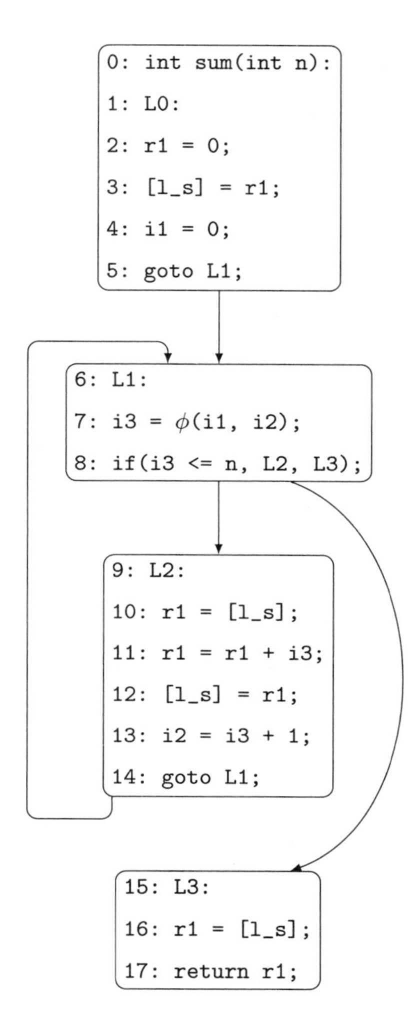

图 5.9　对变量 s_1 进行溢出后的程序

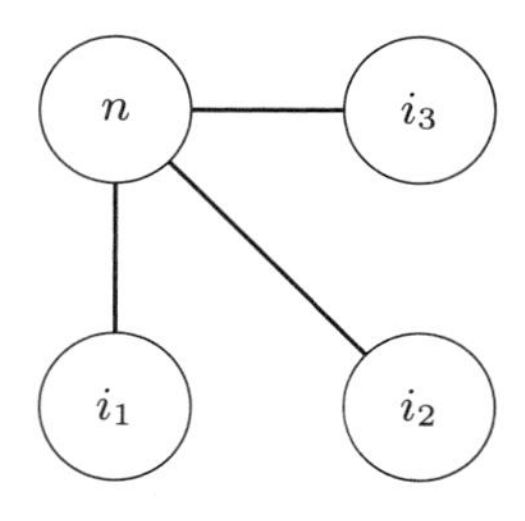

图 5.10　对变量 s_1 溢出后程序的干涉图

5.3.3　着色

进行完溢出后，我们可以确保每个程序点的寄存器压力都不超过物理寄存器数量 K，因此寄存器分配总能成功。

在着色阶段,我们可以像图着色算法一样,构造程序的干涉图并对干涉图进行着色,但 SSA 的如下性质,使得构造干涉图的步骤并不必要。

定理 5.8 对任意 SSA 程序 P 的支配树做后续遍历,得到的是完美消去序列。

证明 (反证法) 假设对 P 的支配树进行后续遍历,得到的 n 个变量序列是

$$x_1, \quad \cdots, \quad x_n$$

假设该序列不是完美消去序列,则存在某个变量 x_i 不是单形点,即存在变量 x_j 和 x_k, $j,\ k > i$,使得 x_i 和 x_j 干涉且 x_i 和 x_k 干涉,但 x_j 和 x_k 不干涉。因此,我们有

$$\mathcal{D}_{x_j} \preceq \mathcal{D}_{x_i} \quad 且 \quad \mathcal{D}_{x_k} \preceq \mathcal{D}_{x_i}$$

由支配性,我们有

$$\mathcal{D}_{x_j} \preceq \mathcal{D}_{x_k} \quad 或 \quad \mathcal{D}_{x_k} \preceq \mathcal{D}_{x_j}$$

因此,变量 x_j 和 x_k 干涉,和假设矛盾。故原命题成立。 □

由于完美消去序列的逆序就是着色的顺序,因此,定理 5.8 实际上表明:对 SSA 形式的支配树做前序遍历,即可完成着色。

对 SSA 形式完成着色的算法 ssa_color() 代码如下:

```
1   set inUse;
2   map<var, reg> tempMap;
3
4   void ssa_color(program ssa){
5     pre_order(entry block "e" of dominator tree of "ssa");
6   }
7
8   void pre_order(basicBlock B){
9     inUse ∪= tempMap[liveIn(B)];
10    for(each statement S ∈ B){
11      for(each variable x ∈ use(S))
12        if(x ∉ liveOut(S))
13          inUse -= {tempMap[x]};
14      for(each variable y ∈ def(S))
15        tempMap[y] = oneOf(K - inUse);
16    }
```

```
17    // visit all intermediate children
18    for(each child C of B in the dominator tree)
19      pre_order(C);
20  }
```

该算法接受一个待分配的 SSA 形式 ssa 作为输入，完成对其中变量的分配。该算法维护两个核心数据结构：

(1) $inUse$：当前处于使用中的寄存器集合，显然，在算法执行的过程中，我们都有 $|inUse| \leqslant K$；

(2) $tempMap$：变量映射表，把变量 x 映射到给其分配的物理寄存器 r。

算法 ssa_color() 从给定的程序 SSA 表示的入口块 start 开始，调用前序遍历的函数 pre_order() 开始遍历 SSA 的支配树（第 5 行）。前序遍历函数 pre_order() 接受一个基本块 B 作为参数，为该基本块中的变量分配寄存器。首先，该函数将基本块 B 的流入活跃变量集合 $liveIn(B)$ 所占用的所有寄存器 $\{tempMap[liveIn(B)]\}$，都加入到使用中的寄存器集合 $inUse$（第 9 行）；接着，算法逐个扫描基本块中的每条语句 S，把 S 中不再活跃的使用变量 x 所占用的寄存器 $\{tempMap[x]\}$ 回收，并且从剩余的寄存器 $K - inUse$ 中选择一个可用的寄存器分配给语句 S 所定义的变量 y；最后，算法通过递归调用（第 19 行），访问当前基本块 B 在支配树中的所有直接孩子节点 C。当 SSA 支配树中所有基本块被访问完成后，算法就完成了对整个程序的分配。

作为示例，我们来研究算法 ssa_color() 在图 5.9给定程序上的执行过程，该程序的支配树如图 5.11所示。

由于该 SSA 程序的寄存器压力为 2，因此需要两个物理寄存器完成着色，假设这两个物理寄存器分别是 r_2 和 r_3（回想一下，寄存器 r_1 为了缓存溢出变量而被保留了）。

算法 ssa_color() 按支配树的先序顺序，首先对基本块 L_0 进行分配，分配结束后，变量 n 分配到寄存器 r_2 中，变量 i_1 分配到寄存器 r_3 中；接着，算法继续对基本块 L_0 的直接孩子节点 L_1 进行分配，算法扫描第 7 条语句，回收变量 i_1 占用的寄存器 r_3，然后将寄存器 r_3 重新分配给变量 i_3；接下来，算法对基本块 L_2 进行分配，第 13 条语句特别值得注意，由于变量 i_3 在这条语句后不再活跃，因此可将其占用的寄存器 r_3 收回，并重新分配给左侧被赋值的变量 i_2；基本块 L_3 是平凡的,算法执行结束。

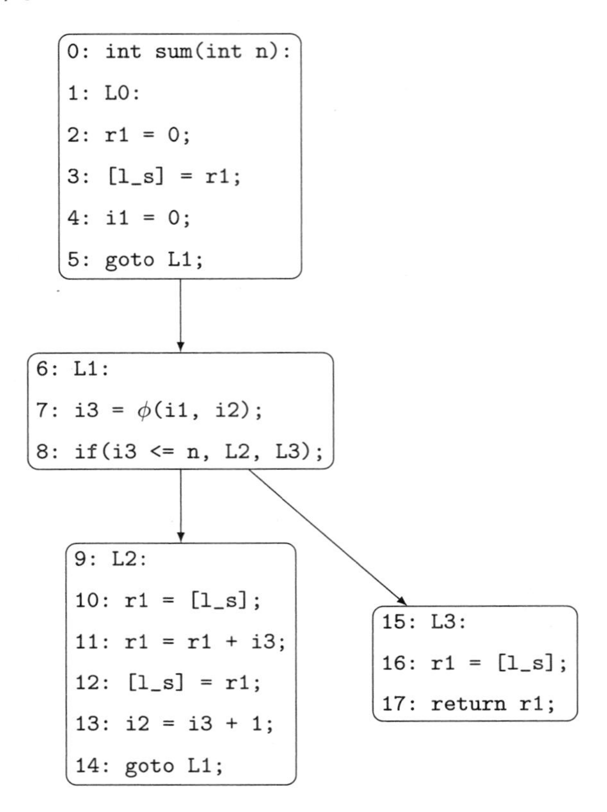

图 5.11　对 SSA 的支配树先序遍历进行寄存器分配

作为寄存器分配的结果,算法 ssa_color() 最终得到变量映射表 $tempMap$ 如表 5.1 所示。

表 5.1

变量	n	i_1	i_2	i_3
寄存器	r_2	r_3	r_3	r_3

根据该表对程序进行重写,得到的最终程序在图 5.12中给出。

这里还有两个关键点需要注意:第一,尽管编译器已经把变量 n 分配到了寄存器 r_2 中,但函数 sum() 的参数名仍然是 n(第 0 行),在实际的编译器实现中,参数 n 的具体存储位置,取决于目标机器上的调用规范。在有的 CISC 机器上,参

数 n 一般位于调用栈上；而在大部分 RISC 机器上，参数 n 一般位于某个特定的传参寄存器中。因此，编译器需要在函数入口处加入适当的内存加载或数据移动指令，将参数 n 从调用规范指定的特定位置加载到寄存器 r_2 中。第二，注意到经过寄存器分配后的程序仍然包含 ϕ 节点（例如，图 5.12中的第 7 行），在程序执行前，编译器需要将 ϕ 节点消去，我们将在 5.3.4 小节对这个问题进行讨论。（当然，这个具体例子中的 ϕ 节点是平凡的，即参数和值完全相同，因此可以直接将其消去。）

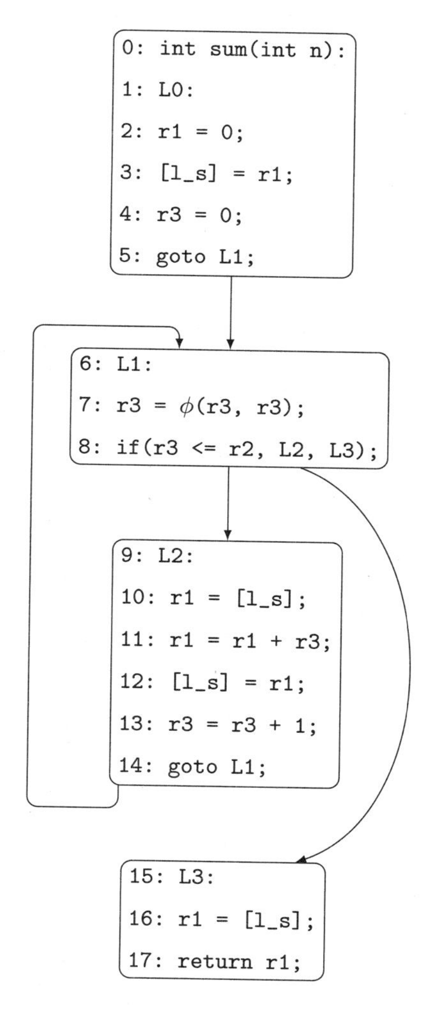

图 5.12　着色和变量重写完成后的程序

5.3.4 ϕ 消去

经过着色后的 SSA 形式,可能还包括 ϕ 节点,其一般形式是

$$\begin{pmatrix} r_1 \\ \vdots \\ r_m \end{pmatrix} = \Phi \begin{pmatrix} r_{11} & \cdots & r_{1n} \\ \vdots & & \vdots \\ r_{m1} & \cdots & r_{mn} \end{pmatrix}$$

注意其中的每个矩阵元素,都是某个物理寄存器。对于右侧矩阵的任何一列,ϕ 节点语义中所规定的并行赋值,实际上等价于对寄存器的一个重排(permutation)。

例如,如下具体示例:

$$r_1 = \phi(\cdots, r_2, \cdots)$$
$$r_2 = \phi(\cdots, r_3, \cdots)$$
$$r_3 = \phi(\cdots, r_1, \cdots)$$

这三条并行赋值,实际等价于将寄存器序列做如图 5.13 所示的重排(第一行三个寄存器是赋值的源寄存器,第二行是赋值的目标寄存器)。

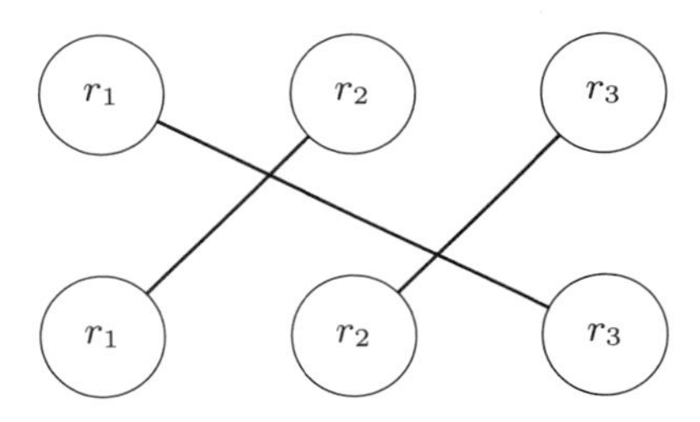

图 5.13 寄存器的重排

假设编译器保留一个物理寄存器 r 用来实现重排,则上述重排可用如下语义等价的顺序代码序列实现:

$$r = r_1$$
$$r_1 = r_2$$
$$r_2 = r_3$$
$$r_3 = r$$

注意到我们共使用了四条移动语句,显然这里的移动语句的条数,取决于重排的具体布局。例如,对如下的 ϕ 语句:

$$r_1 = \phi(\cdots, r_2, \cdots)$$

$$r_2 = \phi(\cdots, r_1, \cdots)$$
$$r_3 = \phi(\cdots, r_3, \cdots)$$

我们只需要 3 条移动语句，就可实现其语义等价的顺序赋值序列。对于这个结论的验证，作为练习留给读者。

这个例子的重要之处在于，它实际指出了这样一个事实：对 ϕ 语句的参数和结果的寄存器分配方案，会直接影响消去 ϕ 时需要的移动语句的数量，在上面例子的第三条 ϕ 语句中，通过把 ϕ 的参数和结果分配到同一个寄存器 r_3 中，我们减少了一条移动语句，这实际上实现了对 ϕ 语句涉及变量的接合。在 5.3.5 小节，我们继续讨论 SSA 形式上的接合。

按上述策略，对程序中所有的 ϕ 语句完成重排后可消去所有 ϕ 语句，即编译器把 SSA 形式的程序转换成了非 SSA 的普通程序。

5.3.5　接合

SSA 寄存器分配中的接合机会，来自于两处：

(1) 程序中的移动语句 $y = x$：编译器把变量 x 和 y 分配到同一个物理寄存器 r 中，可以消除该数据移动。我们在前面章节中已经反复讨论过这种接合。

(2) ϕ 语句 $y = \phi(\cdots, x, \cdots)$：编译器把变量 x 和 y 分配到同一个物理寄存器 r 中，可以减少寄存器的重排，我们在上面小节末尾的例子中讨论过这种情况。

在 SSA 形式上实现最优接合，仍然是困难的：已有的理论结果表明，即便只考虑上述第 2 种情况，接合问题的难度仍然是 NP 完全的。因此，我们只能采用启发式算法，来计算接合的实际可行解。

对于第 1 种情况，我们可以采用如下启发式策略：在着色过程中，对于数据移动语句

$$s: y = x$$

如果

$$x \notin liveOut(s)$$

即 x 不是语句 s 的活跃流出变量，则编译器可以将变量 x 占用的物理寄存器 r 回收后，立刻将 r 分配给变量 y，这样就实现了接合。不难发现，这个接合策略，对程序结构的要求比较苛刻。

对于第 2 种情况，想取得较好的接合效果，要用到整数线性规划，来建立更加精确的模型，我们在第 6 章会继续深入讨论基于整数线性规划的寄存器分配。

5.3.6 时间复杂度

接下来讨论 SSA 寄存器分配算法的时间复杂度。我们把 SSA 分配算法各阶段及其复杂度列在表 5.2 中。

表 5.2

阶段	着色	溢出	接合
复杂度	$O(V+E)$	NP 完全	NP 完全

可以看到，尽管算法着色阶段的最坏运行时间复杂度是多项式量级 $O(V+E)$ 的，并且由于 SSA 形式的干涉图是弦图，我们能够得到最优着色结果，但是由于溢出和接合阶段的复杂度都是 NP 完全的。因此，基于 SSA 形式的寄存器分配算法整体难度仍然是 NP 完全的。

并且，由于 SSA 分配算法还涉及构造 SSA、SSA 消去等额外步骤，这些进一步增大了算法实现的工程难度和增加了工作量。因此，将 SSA 分配和我们已经讨论过的图着色等其他分配算法对比，可能很难得出一个简单的孰优孰劣的结论。更多的还是要求编译器的实现者，对不同分配算法的特点进行深入理解把握，并结合具体的目标和场景，进行合理的设计决策。

5.4 深入阅读

Cytron 等人[62]最早给出了 SSA 形式；Briggs [64]、Tarjan 等人[65,66]、Cooper 等人 [67]讨论了 SSA 高效构建算法；Rosen 等人[63]讨论了图的关键边在 SSA 消去时的问题。

2005 年左右，Bouchez[68]、Brisk 等人[69] 和 Hack 等人[70]几乎同时独立证明了 SSA 形式的干涉图是弦图，并研究了基于 SSA 形式的寄存器分配算法；Bouchez 等人[71]证明了 SSA 形式上的溢出问题是 NP 完全的；Hack 等人[72]证明了 SSA 形式上的接合问题是 NP 完全的。

第 6 章　线性规划分配

线性规划是运筹学的一个分支，是求解最优化问题的一类重要方法，本章将讨论基于整数线性规划的寄存器分配算法。首先，本章简要讨论整数线性规划的基本问题、基本解法和计算复杂度等背景知识；其次，本章讨论对程序的建模以及基于这个模型的线性约束生成，并且讨论对这些约束的求解；最后，本章讨论基于整数线性规划的寄存器分配算法以及其中的溢出、接合等问题。

6.1　整数线性规划基础

在本节，我们简要介绍整数线性规划的基本概念，主要目的是给出我们将在本章中用到的关于整数线性规划的主要术语和基本结论，为讨论基于整数线性规划的寄存器分配算法打下基础。

6.1.1　线性规划的定义

线性规划（Linear Programming，LP）研究这样一类问题：给定 n 个变量 $x_1,\cdots,x_n$，以及关于这 n 个变量的 m 组线性不等式（或等式）

$$\begin{cases} a_{11}x_1 + a_{12}x_2 + \cdots + a_{1n}x_n \geqslant b_1 \\ a_{21}x_1 + a_{22}x_2 + \cdots + a_{2n}x_n \geqslant b_2 \\ \qquad \vdots \\ a_{m1}x_1 + a_{m2}x_2 + \cdots + a_{mn}x_n \geqslant b_m \end{cases} \tag{6.1}$$

其中 $a_{ij},1\leqslant i\leqslant m,1\leqslant j\leqslant n$ 和 $b_i,1\leqslant i\leqslant m$ 都是给定的常数，求最值

$$\max\left(c_1x_1 + c_2x_2 + \cdots + c_nx_n\right) \tag{6.2}$$

其中式(6.2)中的值 $c_1,\cdots,c_n$ 同样是 n 个给定的常数。

为了简化表达,我们可以引入矩阵记号,记为

$$A=\begin{pmatrix} a_{11} & a_{12} & \cdots & a_{1n} \\ a_{21} & a_{22} & \cdots & a_{2n} \\ \vdots & \vdots & & \vdots \\ a_{m1} & a_{m2} & \cdots & a_{mn} \end{pmatrix}$$

$$B=(b_1,b_2,\cdots,b_m)$$

$$C=(c_1,c_2,\cdots,c_n)$$

$$X=(x_1,x_2,\cdots,x_n)$$

其中 A,B,C 和 X 中的所有常量或变量,都属于实数集 $\mathbf{R}$,则线性规划问题可表述成:已知约束

$$AX^{\mathrm{T}} \geqslant B^{\mathrm{T}} \tag{6.3}$$

求最值

$$\max\left(CX^{\mathrm{T}}\right) \tag{6.4}$$

一般地,我们可称不等式组(6.3)为约束(constraints)(由于每个不等式都是线性函数,因此实际上是线性约束);我们可称式(6.4)为目标函数(objective function)。线性规划是在给定一组线性约束的前提下,求目标函数的最值问题。

线性规划问题有两种重要的特殊形式,它们在计算机科学中有非常广泛的应用:第一种形式是,如果我们只考虑约束(6.3),而舍去目标函数(6.4),那么问题退化成了约束(6.3)是否有解,即通常意义上的解不等式组或解方程组的问题。在计算机科学中,这个问题属于可满足性模理论(Satisfiability Modulo Theories, SMT)的范畴,是可满足问题非常重要的一个部分。第二种形式是,如果我们把上述矩阵中常量 A,B,C 和变量 X 的取值范围限定为整数域 $\mathbf{Z}$,则问题被称为整数线性规划(Integer Linear Programming, ILP)。进一步,如果我们把矩阵中常量 A,B,C 和变量 X 的取值范围限定在只能取 0 或 1 两个整数值,则问题被称为 0-1 整数线性规划(0-1 ILP),这也是我们在本章中主要用到的内容。

为简单起见,在不引起混淆的情况下,本章将 0-1 整数线性规划简称为线性规划,或者简称为 ILP。

6.1.2 线性规划的求解

作为运筹学的重要分支，线性规划以及整数线性规划问题的求解算法已经被深入研究过。

对于实数域 $\mathbf{R}$ 上的线性规划问题，存在非常高效的多项式时间复杂度的求解算法，例如单纯形法或内点算法等；而对于整数域 $\mathbf{Z}$ 上的线性规划（包括 0-1 整数线性规划），其理论求解难度是 NP 完全的，即现在尚未找到一般的多项式时间复杂度的求解算法。尽管如此，目前研究已经开发了一些比较实际的算法，如分支定界法或割平面法等，这些算法可以高效地解决很多实际出现的规划问题（能够处理的变量个数可多达数十万）。

限于本书的目标，我们不在此详细展开讨论这些求解算法，对线性规划求解算法感兴趣的读者，可参考 6.4节给出的相关参考文献。

6.1.3 问题求解的模型

用线性规划完成问题求解，一般可分成四个主要步骤：

(1) 问题建模：首先确定待求解的问题是一个最优化问题，并且确认问题的结构能够表达成线性约束（实数、整数或者 0-1 整数），以及确定待优化的目标函数；

(2) 约束生成：根据问题的模型，生成必要的约束，在实际问题求解中，这个阶段往往可和第一个阶段结合在一起，即在给问题建模的过程中，同步生成约束；

(3) 约束求解：完成这个功能的模块称为求解器（solver），研究和实现高性能且易用的约束求解器是个独立的研究领域，现在已经有很多高质量的开源或商业的求解器，可直接作为独立第三方模块调用；

(4) 解还原：对约束求解得到的结果，进行合理的解释，得到原问题的解。

这四个步骤中最有挑战性的是第二个步骤，我们必须根据问题的条件，生成最恰当的约束：如果生成的约束中有多余的条件，则可能得不到原问题的解；如果生成的约束不足，则可能得到错误的解。

为了更深入理解上述线性规划问题求解的一般模型，我们研究一个例子。我们用线性规划，求解经典的 0-1 背包问题：给定 n 个物品，每个物品都具有特定的重量 w_i 和价值 v_i，$1 \leqslant i \leqslant n$，在不超过背包总承重 W 的条件下，从 n 个物品中选取若干物品，使得这些物品的总价值最大。

一个包含 10 组物品数据的数据集如表 6.1 所示，且背包总承重不超过 67。

表 6.1

物品i	1	2	3	4	5	6	7	8	9	10
重量w	23	26	20	18	32	27	29	26	30	27
价值v	505	352	458	220	354	414	498	545	473	543

在求解的第一个步骤中，我们不难分析 0-1 背包问题是一个最优化问题（最大值问题），并且我们尝试用 0-1 整数线性规划来对这个问题建模。

在第二个步骤中，我们尝试给该问题生成约束和目标函数。为此，我们引入 n 个变量 $x_i, 1 \leqslant i \leqslant n$，每个变量取值 $x_i \in \{0,1\}$，具有直观的含义：

$$x_i = \begin{cases} 0, & \text{物品}i\text{未被选中} \\ 1, & \text{物品}i\text{被选中} \end{cases} \tag{6.5}$$

则被选择的物品总重量不超过背包最大承重 W，可表达成约束

$$\sum_{i=1}^{n} w_i x_i \leqslant W \tag{6.6}$$

优化的目标函数为

$$\max\left(\sum_{i=1}^{n} v_i x_i\right) \tag{6.7}$$

直观上，变量 $x_i, 1 \leqslant i \leqslant n$ 实际上代表了辅助做选择决策的一组布尔值，因此，这组变量也被称为*决策变量*（decision variables）。

第三个步骤，给定了问题的模型（包括约束（6.5）和（6.6），以及目标函数（6.7））和具体输入数据后，我们把这两部分作为输入，驱动求解器对问题进行求解，整体架构如图 6.1所示。

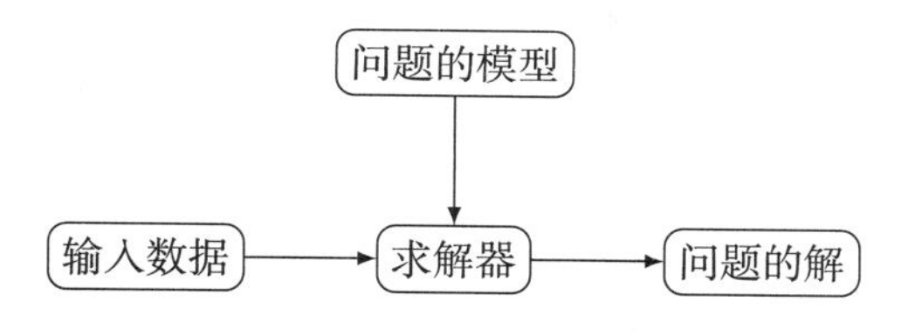

图 6.1　问题求解的架构

整个架构是与求解器相关的，例如，我们需要用求解器要求的方式对问题模型进行编码，并且需要把具体的输入数据转换成求解器可以接受的格式，等等。完成这些步骤后，求解器根据问题的模型和具体输入数据，求得问题的解。

作为示例，我们使用比较广泛的 Z3 求解器，来实现上述 0-1 背包问题，解释整个求解的架构。为简便起见，我们使用了 Z3 的 Python 接口绑定。需要强调的是，为了方便理解，我们对这个例子给出了自足的说明，但 Z3 不是唯一的，更未必是最好的求解器。对具体求解器接口和使用方法的介绍不是本书内容的重点，感兴趣的读者可进一步参考 Z3 的相关手册材料，或其他具体求解器的相关材料。

首先，我们给出编码问题模型的 Python 算法代码 knapsack()：

```
1  # Input: weights: the weights of all items
2  #       values: the values of all items
3  #       c: the maximum capacity of the bag
4  def knapsack(weights, values, C):
5      # create a new solver
6      solver = Optimize()
7      # the decision variables
8      dec_vars = [Int('x_%d' % i) for i in range(len(weights))]
9      # add the constraints x_i∈{0, 1}, for 1⩽i⩽n
10     for i in range(len(weights))
11       solver.add(Or(dec_vars[i]==0, dec_vars[i]==1))
12     # the weight constraints, and the value objective function
13     weight_cons = []
14     value_obj = []
15     for i in range(len(weights)):
16         weight_cons.append(weights[i] * dec_vars[i])
17         value_obj.append(values[i] * dec_vars[i])
18
19     # add the weight constraint into the solver
20     solver.add(sum(weights) <= C)
21     # and let the solver maximize the objective function
22     solver.maximize(sum(value_obj))
23     start = time.time()
24     result = solver.check()
25     end = time.time()
```

```
26        print(end - start)
27        max_value = 0
28        if result == sat:
29            model = solver.model()
30            for i in range(len(weights)):
31                if model[dec_vars[i]] == 1:
32                    print(i, ": ", weights[i], ': ', values[i])
33                    max_value += values[i]
34            print('max value: ', max_value)
35
36    if __name__ == '__main__':
37        weights = [23, 26, 20, 18, 32, 27, 29, 26, 30, 27]
38        values = [505, 352, 458, 220, 354, 414, 498, 545, 473, 543]
39        C = 67
40        knapsack(weights, values, C)
```

函数 knapsack() 接受物品重量 $weights$[]、物品价值 $values$[] 和背包最大容量 C 作为输入，求解并输出物品选择方案能够取得的最大价值（如果有的话）。函数首先建立了一组决策变量 x_i，$1 \leqslant i \leqslant n$（第 8 行）；接着，函数先后添加约束（6.5）（第 10~11 行）、约束（6.6）和目标函数（6.7）（第 22 行）到求解器 solver 中。由于我们使用了第三方求解器，因此其求解过程是完全黑盒的（第 24 行）。

第四也是最后一个步骤，是对问题的解进行还原（第 27~34 行），即根据决策变量 x_i 的值，还原问题的解。在我们的实验平台上，函数运行耗时约 8 毫秒，求得了问题的最优解 1030。

最后，值得指出的是，除了上述示例的 Z3，还有非常多的其他求解器，尽管这些求解器具体编程接口可能有较大区别，但都基本符合图 6.1所描述的架构。

6.2 寄存器分配

按照上面讨论的图 6.1中的问题求解架构，我们用 ILP 解决寄存器分配问题分成两步：第一步，我们用 ILP 给寄存器分配问题建模，模型要满足的基本约束是，在每个程序点上，程序的寄存器使用压力都小于等于可分配的物理寄存器数量 K，把无法分配的变量进行溢出；第二步，确定寄存器指派，把变量分配到物理寄存器中，由于已经满足了寄存器压力，我们可以确定这个步骤总能成功。在本节，我们先讨论第一个步骤，即利用 ILP 进行最优溢出；在 6.3 节，我们再讨论寄存器指派。

为了更好地理解用 ILP 实现最优溢出的原理，我们先研究一个实例。给定如图 6.2(a) 所示的示例程序，除了程序代码外，我们还在每两条语句间的程序点 • 上标注了活跃变量。不难看到，程序的寄存器压力至少为 3。

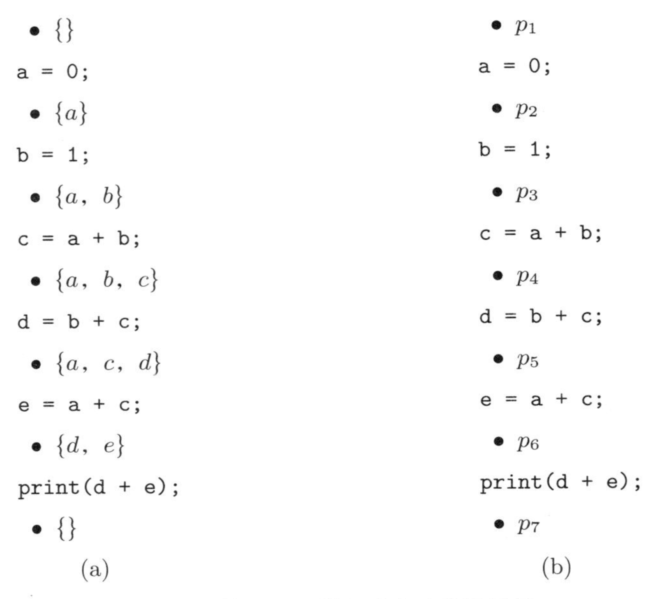

图 6.2 基于 ILP 进行溢出建模的示例

假定可分配的物理寄存器数量为 2，即我们有物理寄存器 r_1 和 r_2；由于寄存器压力大于可用物理寄存器数量，我们必须对某些变量进行溢出，于是我们有一系列问题需要回答：

(1) 对哪些变量进行溢出？

(2) 在哪些程序点进行溢出？

(3) 溢出的最小代价是什么？

注意，我们在前面章节也讨论过这些问题。例如，我们在图着色分配算法中，讨论了基于启发式算法的溢出策略等，但那里给出的溢出策略一般不是最优的。

6.2.1 约束生成

我们首先给寄存器分配问题建模并生成约束，具体地，我们需要考虑如下几类约束：

(1) 变量存储状态约束：在每个程序点 p，每个变量 x 都有确定的存储状态；

(2) 寄存器压力约束：在每个程序点 p，寄存器压力不能超过可分配物理寄存器的数量 K；

(3) 变量传播约束：在每个语句 s 前后，有的变量 x 没有发生变化，即 $x \notin use(s)$ 且 $x \notin def(s)$，我们称变量 x 进行了传播；

(4) 变量使用—定义约束：对于每个语句 s 中的变量使用 $use(s)$ 和变量定义 $def(s)$，生成约束，即所有变量 $use(s) \cup def(s)$ 必须都在某个物理寄存器 r 中；

(5) 跳转约束：对于程序 P 中的每个跳转语句 j，生成约束。

接下来，我们结合实例，分别具体讨论每一种约束。

1. 变量存储状态约束

为了用 ILP 给寄存器分配问题建模，我们给程序 P 中的每个程序点 p 显式命名。例如，对于图 6.2(a) 的示例程序，其程序点被命名后，得到如图 6.2(b) 所示的程序。每两条语句之间都存在一个程序点，但程序点 p_1 和 p_7 是平凡的。

变量存储状态约束的目标，是在每个程序点 p，建模每个活跃变量 x 的存储状态的变化情况。总的来看，每个变量 x 一共有四种可能的存储状态变化：变量 x 一直存储在寄存器中；变量 x 一直存储在内存中；变量 x 由内存加载到寄存器中；变量 x 由寄存器存储到内存中。

以图 6.2(b) 的程序为例，我们考察程序点 p_3，变量 a 在这个程序点活跃，变量 a 的存储状态在程序点 p_3 处的变化过程，有四种可能情况：

(1) 变量 a 在程序点 p_3 前存储在某个物理寄存器 r 中，在程序点 p_3 后仍然存储在同一个物理寄存器 r 中。这种情况意味着变量 a 在程序点 p_3 前后的两条语句执行过程中，都始终占用寄存器 r。我们用 0-1 整型决策变量 $r_{p_3,a}$ 来记这种情况，显然我们有约束

$$r_{p_3,a} \in \{0,1\} \tag{6.8}$$

(2) 变量 a 在程序点 p_3 前存储在某个内存地址 l_a 中，在程序点 p_3 后仍然存储在该内存地址 l_a 中。这种情况意味着变量 a 在程序点 p_3 前后的两条语句

执行过程中，都存储在内存地址 l_a 处。我们用 0-1 整型决策变量 $m_{p_3,a}$ 来记这种情况，显然我们有约束

$$m_{p_3,a} \in \{0,1\} \tag{6.9}$$

(3) 变量 a 在程序点 p_3 前存储在某个内存地址 l_a 中，在程序点 p_3 后存储在某个物理寄存器 r 中。这种情况意味着编译器应该对程序进行重写，在程序点 p_3 处插入一条加载指令 $r = [l\_a]$。我们用 0-1 整型决策变量 $l_{p_3,a}$ 来记这种情况，显然我们有约束

$$l_{p_3,a} \in \{0,1\} \tag{6.10}$$

(4) 变量 a 在程序点 p_3 前存储在某个物理寄存器 r 中，在程序点 p_3 后存储在某个内存地址 l_a 中。这种情况意味着编译器应该对程序进行重写，在程序点 p_3 处插入一条内存写指令 $[l\_a] = r$。我们用 0-1 整型决策变量 $s_{p_3,a}$ 来记这种情况，显然我们有约束

$$s_{p_3,a} \in \{0,1\} \tag{6.11}$$

显然，对于同一个程序点 p 处活跃的某个变量 x，上述约束（6.8）、（6.9）、（6.10）和（6.11）必须有且只有一个能够成立，因此，我们还有约束

$$r_{p,x} + m_{p,x} + l_{p,x} + s_{p,x} = 1 \tag{6.12}$$

这里有两个关键点需要注意：第一，我们要注意到约束（6.12）成立的前提条件，是我们要达到最优溢出，即加入最少的访存指令，如果没有这个重要的前提，式（6.12）并不一定总成立。例如，考虑图 6.3(a) 的程序，假定在程序点 p 前后，变量 a 都始终在物理寄存器 r 中，则我们有

$$r_{p,a} = 1$$

如果在程序点 p 处，我们还要求

```
a = 0;
  • p
b = 1;
```
(a)

```
a = 0;
  • [1_a] = r;  // [1]
b = 1;
```
(b)

图 6.3 式（6.12）成立的条件

$$s_{p,a} = 1$$

则意味着要插入一条内存写操作（见图 6.3(b) 代码 [1]），且程序的执行结果不变。注意到，此时我们有

$$r_{p,x} + m_{p,x} + l_{p,x} + s_{p,x} = 2$$

但显然新插入的语句 [1] 是冗余语句，并不是最优的。第二，对于程序点 p 处活跃的变量 x，上述定义的四个 0-1 整型决策变量 $r_{p,x}$，$m_{p,x}$，$l_{p,x}$ 和 $s_{p,x}$ 实际上是以程序点 p 和变量 x 分别为横纵坐标的二维数组，且数组元素只能为整型数 0 或 1。以第一个 0-1 整型决策变量 $r_{p,x}$ 为例，它的结构示意如表 6.2 所示。每一行代表一个程序点 p，每一列代表一个变量 x。其他三个变量 $m_{p,x}$，$l_{p,x}$ 和 $s_{p,x}$ 的含义类似。则约束（6.12）规定了四个数组在对应位置 $[p,x]$ 上元素之间的约束关系：必须且只能有一个 1。

表 6.2

	x_1	x_2	$\cdots$	x_m
p_1	0	1	$\cdots$	1
p_2	1	0	$\cdots$	1
$\vdots$	$\vdots$	$\vdots$		$\vdots$
p_n	0	1	$\cdots$	0

2. 寄存器压力约束

寄存器压力约束的目标是把程序中每个程序点 p 的寄存器压力，降低到不超过可用物理寄存器数量 K。例如，考虑图 6.2的程序点 p_4，如果 $K = 2$，则要将程序点 p_4 处的寄存器压力由 3 降低为 2。

对每个程序点 p，其寄存器压力可以分两个阶段来考虑：第一个阶段，在把寄存器中的值写入内存之前，所需物理寄存器数量不能超过可分配的物理寄存器总数量 K，即

$$\bigwedge_{p} \left(\left(\sum_{x \in liveOut(p)} (r_{p,x} + s_{p,x}) \right) \leqslant K \right) \tag{6.13}$$

其中变量 x 是所有在程序点 p 活跃的变量。类似地，在第二个阶段，在把内存中的

值加载到物理寄存器后，我们有约束

$$\bigwedge_p \left(\left(\sum_{x \in liveOut(p)} (r_{p,x} + l_{p,x}) \right) \leqslant K \right) \tag{6.14}$$

注意，为了尽可能降低寄存器的使用数量，我们这里采用了一个隐式的规则，即所有的内存写操作（对应决策变量 $s_{p,x}$），都在内存读操作（对应决策变量 $l_{p,x}$）之前完成。

3. 变量传播约束

变量传播约束把一个语句 s 前后两个程序点 p 和 q 上的没有发生变化的变量联系起来。

考虑图 6.2中的语句 $d = b + c$ 前后的两个程序点 p_4 和 p_5，活跃变量 a 穿越语句 $d = b + c$ 从程序点 p_4 传播到 p_5，a 的值并未改变，则我们可以确定：变量 a 要么一直存储在某个寄存器 r 中，要么一直存储在某个内存地址 l_a 中。

考虑第一种情况，在程序点 p_4，变量 a 要么本来就存储在某个寄存器 r 中，要么是从内存地址 l_a 加载到寄存器 r 中；而在程序点 p_5，变量 a 要么继续存储在寄存器 r 中，要么从寄存器 r 存储到内存地址 l_a 中。一般地，如果一个活跃变量 x 原封不动，从程序点 p 被传播到程序点 q，则我们有变量传播约束

$$r_{p,x} + l_{p,x} = r_{q,x} + s_{q,x} \tag{6.15}$$

4. 变量使用 – 定义约束

变量使用 – 定义约束给出了一条语句 s 中的变量使用和变量定义之间必须满足的约束。一般地，我们要求在运算语句 s 中涉及的变量使用 $use(s)$ 和定义 $def(s)$，都必须位于寄存器中。以二元运算

$$\begin{gathered} \bullet\, p \\ z = \tau(x, y) \\ \bullet\, q \end{gathered}$$

为例（一元或其他运算与此类似），其使用变量集合为 $\{x, y\}$，定义变量集合为 $\{z\}$，因此，我们有约束

$$r_{p,x} + l_{p,x} = 1 \tag{6.16}$$

$$r_{p,y} + l_{p,y} = 1 \tag{6.17}$$

$$r_{q,z}+s_{q,z}=1 \tag{6.18}$$

特别地，对于数据移动语句

$$\bullet\, p$$
$$y=x$$
$$\bullet\, q$$

我们有约束

$$r_{p,x}+l_{p,x}=1 \tag{6.19}$$
$$r_{q,y}+s_{q,y}=1 \tag{6.20}$$

5. 跳转约束

跳转约束表达了程序中的跳转程序点所必须满足的约束条件。

以有条件跳转 `if` 为例（无条件跳转的情况类似），其典型结构如图 6.4 所示。

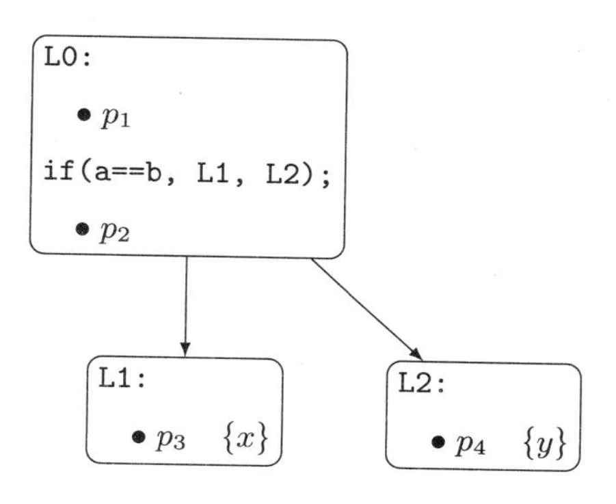

图 6.4　程序的跳转结构

基本块 L_0 的最后一条条件比较语句 `if` 对变量 a 和 b 进行比较，并根据比较的结果，跳转到基本块 L_1 或者 L_2。假设程序点 p_3 和 p_4 处的活跃变量集合分别为 $\{x\}$ 和 $\{y\}$，则程序点 p_2 处的活跃变量集合为 $\{x,y\}$。

由于程序点 p_2 处的语句没有机会执行，因此，我们无法在此插入访存语句，即我们有约束

$$l_{p_2,x}+s_{p_2,x}=0$$
$$l_{p_2,y}+s_{p_2,y}=0$$

一般地,对于给定的跳转程序点 p,我们有约束

$$\bigwedge_{p \in Branch} \left(\sum_{x \in liveOut(p)} (l_{p,x} + s_{p,x}) = 0 \right) \tag{6.21}$$

即跳转程序点 p 上的任意变量 x,既不能从内存中被读取,也不能写入内存。

基于上述这些约束生成规则,我们可以用语法制导的方式,实现一个线性扫描算法,扫描给定的程序,并根据这些规则,生成所有的约束。下面的函数 generate_constraints():

```
1  list generate_constraints(program cfg){
2    // to hold all generated constraints
3    cons[];
4
5    // perform liveness analysis, but no need to build the explicit IG
6    liveness_analysis(cfg);
7    // mark program points
8    mark_points(cfg);
9    // #1: the variable storage constraints
10   for(each program point p in cfg)
11     for(each variable x live at p)
12       cons ∪= (r_{p,x} + m_{p,x} + l_{p,x} + s_{p,x} == 1);
13   // #2: the register pressure constraints
14   for(each program point p in cfg){
15     for(each live variable x at p){
16       r_store += (r_{p,x} + s_{p,x});
17       r_load += (r_{p,x} + l_{p,x});
18     }
19     cons ∪= r_store≤ K;
20     cons ∪= r_load≤ K;
21   }
22   // #3: variable propogation constraints
23   for(each statement s in cfg){
24     // two program points before and after s
25     p = pre_of(s);
26     q = post_of(s);
27     live_vars = liveOut(s);
```

```
28      for(each variable x ∈ live_vars){
29        // propagation
30        if(x ∉ def(s))
31          cons ∪= (r_{p,x} + l_{p,x} == r_{q,x} + s_{q,x});
32      }
33    }
34    // #4: use-def constraints
35    for(each statement s in cfg){
36      // two program points before and after s
37      p = pre_of(s);
38      q = post_of(s);
39      for(each variable x ∈ use(s)){
40        cons ∪= (r_{p,x} + l_{p,x} == 1);
41      }
42      for(each variable y ∈ def(s)){
43        cons ∪= (r_{q,y} + s_{q,y} == 1);
44      }
45    }
46    // #5: branch constraints
47    for(each branch program point p){
48      for(each variable x ∈ live(p))
49        cons ∪= (l_{p,x} + s_{p,x} == 0);
50    }
51    return cons;
52  }
```

给出了该算法的核心代码。算法 generate_constraints() 接受程序的控制流图 cfg 作为输入，扫描 cfg 生成约束，存储在数组 $cons$[] 中，并作为结果返回。算法的各个主要步骤，分别对应上面讨论的每种约束生成规则，此处不再赘述。

以如图 6.2(b) 所示的程序为例，算法 generate_constraints() 扫描该程序，会分别得到如表 6.3 所示数量的各种约束。0-1 约束描述了每个决策变量的可能取值。

我们以程序点 p_4 为例，给出各种约束的形式。变量 a 在程序点 p_4 活跃，则对于变量 a 在程序点 p_4 的四个决策变量 $r_{p_4,a}$，$l_{p_4,a}$，$s_{p_4,a}$ 和 $m_{p_4,a}$，我们有 0-1

约束

$$\begin{aligned}
&r_{p_4,a} \in \{0,1\} \\
&l_{p_4,a} \in \{0,1\} \\
&s_{p_4,a} \in \{0,1\} \\
&m_{p_4,a} \in \{0,1\}
\end{aligned}$$

表 6.3 对示例程序生成的约束数量

约束类型	数量
0-1 约束	140
变量约束	11
寄存器压力约束	10
变量传播约束	6
使用—定义约束	13
跳转约束	0
总计	180

类似地，对于上述关于变量 a 的四个决策变量，我们有变量约束

$$r_{p_4,a} + l_{p_4,a} + s_{p_4,a} + m_{p_4,a} = 1$$

对于程序点 p_4，我们有如下寄存器压力约束：

$$\begin{aligned}
r_{p_4,a} + s_{p_4,a} + r_{p_4,b} + s_{p_4,b} + r_{p_4,c} + s_{p_4,c} \leqslant K \\
r_{p_4,a} + l_{p_4,a} + r_{p_4,b} + l_{p_4,b} + r_{p_4,c} + l_{p_4,c} \leqslant K
\end{aligned}$$

在程序点 p_4，变量 a 和 b 从程序点 p_3 传播过来，因此，我们有变量传播约束

$$\begin{aligned}
r_{p_3,a} + l_{p_3,a} = r_{p_4,a} + s_{p_4,a} \\
r_{p_3,b} + l_{p_3,b} = r_{p_4,b} + s_{p_4,b}
\end{aligned}$$

程序点 p_4 前的语句 $c = a + b$ 使用了变量 $\{a,b\}$，定义了变量 c，因此，我们有变量使用—定义约束

$$\begin{aligned}
r_{p_3,a} + l_{p_3,a} = 1 \\
r_{p_3,b} + l_{p_3,b} = 1
\end{aligned}$$

$$r_{p_4,c} + s_{p_4,c} = 1$$

其他的约束都与此类似，因约束的总数较多，篇幅所限，我们不在这里逐一列出所有的约束。我们把这些约束的生成过程以及约束的具体内容，作为练习留给读者。

给定一个程序 P，我们把程序 P 生成的约束条数记为 $\mathcal{C}(P)$，我们对约束条数 $\mathcal{C}(P)$ 做个估计。假设程序 P 中包括 V 个变量、S 条语句、J 条跳转语句，并且程序点上最大的活跃变量个数为 L，则我们可计算得到表 6.4 中给出的每类约束的数量级，总约束条数数量级为

$$O(S \times L) \leqslant O(S \times V)$$

表 6.4　程序生成的约束数量估计

约束类型	数量级
0-1 约束	$O(S \times L)$
变量约束	$O(S \times L)$
寄存器压力约束	$O(S)$
变量传播约束	$O(S \times L)$
使用–定义约束	$O(S)$
跳转约束	$O(J)$
总计	$O(S \times L)$

典型地，在一个程序中，可能包括上万条语句 S，数百个变量 V。因此生成的约束总数 $\mathcal{C}(P)$，可能达到数十万到数百万量级。

6.2.2　目标函数

和图着色算法中的溢出代价的计算策略类似，我们可以给每个程序点 p 的变量加载操作一个权重 $w_l(p)$、给变量存储操作一个权重 $w_s(p)$，来估计在该程序点 p 发生溢出的代价。就像我们在第 2 章中讨论的那样，这两个权重 $w_l(p)$ 和 $w_s(p)$ 可以和循环嵌套深度等指标相关联。故我们的目标函数是

$$\min\left(\sum_{p}\sum_{x}\left(w_l(p) \times l_{p,x} + w_s(p) \times s_{p,x}\right)\right) \tag{6.22}$$

如果我们进一步假设溢出代价

$$w_l(p) = w_s(p) = 1$$

即简单地以访存指令条数为指标，则式（6.22）退化成

$$\min\left(\sum_{p,x}(l_{p,x} + s_{p,x})\right) \tag{6.23}$$

6.2.3 约束求解

生成完所有的约束以及目标函数后，我们可以用约束求解器对这些约束进行求解，求解具体过程以及算法代码，都和前面讨论的 0-1 背包问题的求解过程及算法代码类似，此处不再赘述。

对图 6.2(b) 所示的示例程序、表 6.3 中的所有约束和需最小化的目标函数（6.23），以及对于 $K=3$，求解器求解完成后，得到

$$\forall_{p,x} r_{p,x} = 1$$

我们对这些决策变量 $r_{p,x}$ 的值进行分析，不难得到求解器把所有变量都分配到物理寄存器中，亦即求解器对这个问题得到了最优（溢出）解。

6.3 寄存器指派

对程序建模并进行约束生成和求解之后，每个程序点 p 上同时活跃的变量数目不超过 K，即每个程序点的寄存器压力都小于等于 K。本节讨论对程序中可分配变量进行寄存器指派的算法。

6.3.1 活跃区间切分

对一般的程序 P 来说，程序在每个程序点 p 上的寄存器压力不超过 K，并不意味着该程序的干涉图 G 一定能够被 K 着色。考虑图 6.5中给出的示例程序，不难验证：该程序每个点上的寄存器压力均不超过 2，但它的干涉图不能被 2 着色。实际上，该程序的干涉图包含 3 阶完全子图，我们把对该结论的验证，留给读者作为练习。

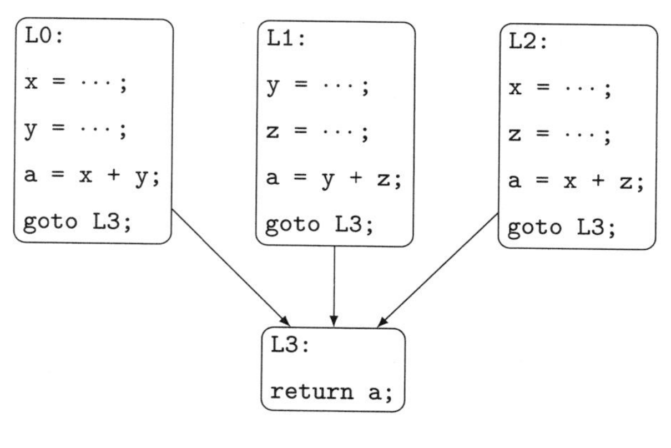

图 6.5　示例程序

为了能够对这类干涉图成功着色，我们可使用标准的活跃区间切分（live range splitting）技术，该技术借鉴了 SSA 的基本思想，但要更加轻量级。活跃区间切分的基本步骤如下:我们给每个变量定义一个新的版本号,如果程序点 p 的活跃变量集合为

$$\{x_1,\cdots,x_n\}$$

则我们引入类似 SSA 形式中 ϕ 函数那样的并行赋值

$$(x_1',\cdots,x_n') \simeq (x_1,\cdots,x_n) \tag{6.24}$$

我们用符号 $\simeq$ 代表右侧 n 个变量向左侧 n 个变量的并行赋值,其中变量 x_i 赋值给变量 x_i',$1\leqslant i\leqslant n$。特别地,当变量个数 $n=1$ 时,式(6.24)退化成一个普通赋值

$$x_1' = x_1$$

对于图 6.5中的示例程序,进行活跃区间切分后,得到的结果如图 6.6所示。

这里有两个关键点需要注意:第一,如上面讨论的,部分平凡的并行赋值被写成了普通赋值形式,例如基本块 L_0 中的第二条赋值语句 $x_2=x_1$ 就是一条退化并行赋值,其他类似,请读者注意区分。第二,假设基本块 L_i 末尾的跳转语句是 `goto` L_j,且在边 (L_i,L_j) 上活跃的变量集合为

$$\{x_1,\cdots,x_n\}$$

则我们也在基本块 L_i 的结尾,给这些活跃变量进行了并行赋值,这样就可以避免

在目标基本块 L_j 上引入显式的 ϕ 语句。例如，考虑图 6.6中的边 (L_1,L_3)，其活跃变量是 $\{a\}$，因此，我们在基本块 L_1 的末尾添加了并行赋值 $a_4 = a_2$。

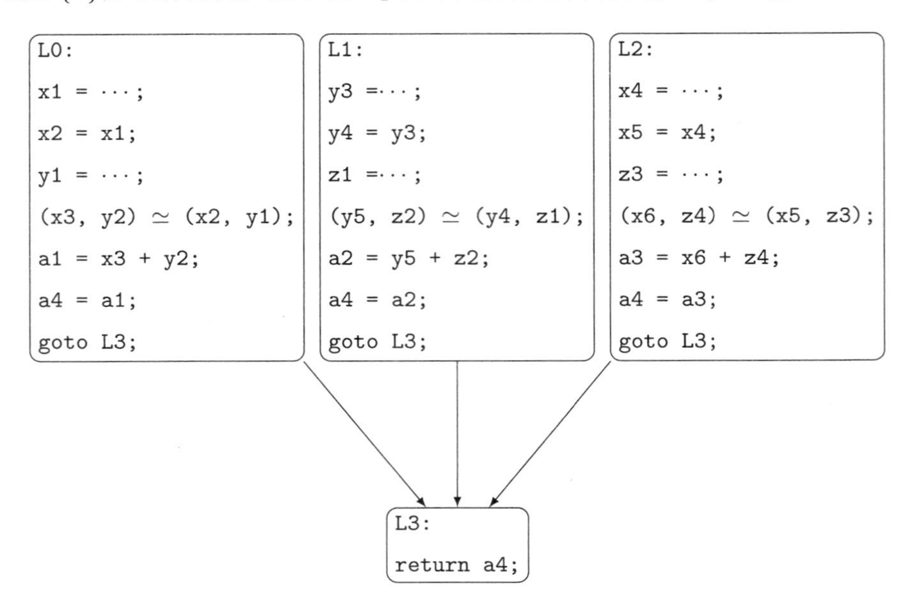

图 6.6 进行完活跃区间切分后的程序

我们可以验证：对图 6.6中的程序，构造其干涉图 G，图 G 可成功被 2 着色。另外需要注意的是，寄存器分配完成后，我们要把对寄存器的并行赋值 $\simeq$ 消去，我们仍然可以使用在 5.3.4 小节中讨论过的对 ϕ 节点的消去技术。

引入并行赋值后，我们还有一个关键问题需要回答：为什么在活跃区间切分中使用并行赋值 $\simeq$，能够降低一个干涉图 G 的着色数 $\chi(G)$？其根本原因和并行赋值的性质有关。我们考虑图 6.7给出的并行赋值和顺序赋值以及各自的干涉图 G。

可以看到，在并行赋值中的干涉图 G 中，赋值的源操作数 (a,b,c,d) 和目的操作数 (a',b',c',d') 分别构成了两个 4 节点的团 K^4，由于这两个团不相交，因此，我们容易得到这两个 K^4 团的着色数

$$\chi(G) = \omega(G) = 4$$

而图 6.7(b) 顺序赋值所对应的干涉图 G，包含更多的干涉边，从而更难计算其着色数 $\chi(G)$。

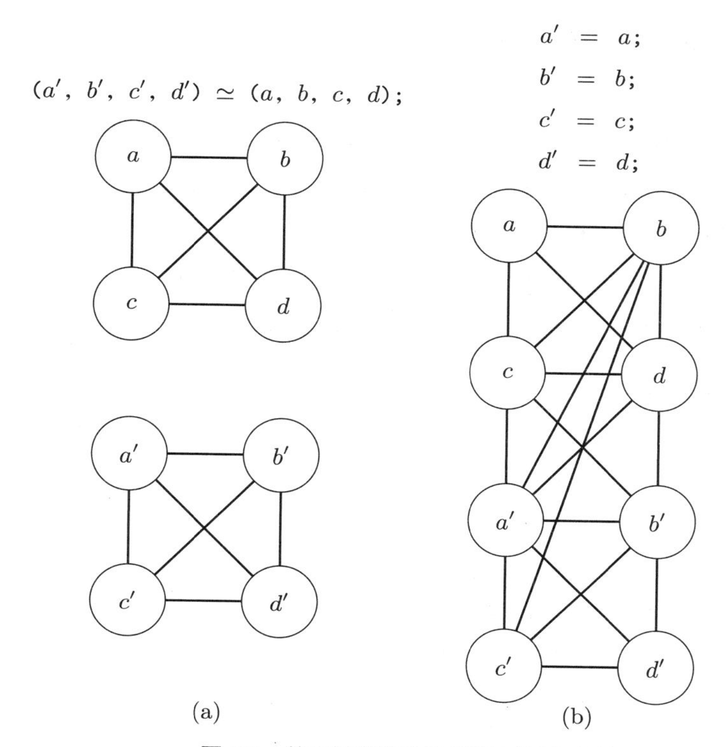

图 6.7　并行赋值和顺序赋值以及各自的干涉图

6.3.2　指派算法

对给定的干涉图 G 完成活跃区间切分后,我们可以保证在每个程序点 p 处的寄存器压力都不超过可分配的物理寄存器数量 K。接下来,我们把这些变量 x 分配到物理寄存器 r 中,这个过程称为寄存器指派。

为了完成寄存器指派,我们可以使用标准的图着色算法,下面代码reg_assign()给出了完成寄存器指派的算法。

```
1  // the input program "cfg" has finish live-range splitting
2  void reg_assign(program cfg}{
3    ig = build_ig(cfg);
4    kempe(ig);
5  }
```

算法 reg_assign() 接受程序控制流图 cfg 作为输入,对其完成寄存器指派;流图 cfg 已经完成了活跃区间切分。算法构造控制流图 cfg 的干涉图 ig,并调用我们在第 2 章讨论的 Kempe 算法对其完成着色。需要注意的是,这里的 Kempe 算法肯定不会发生溢出。

为了完成活跃区间切分,我们引入了许多额外的数据移动语句,所以在指派算法中,我们需要特别关注接合的实现。为了不降低干涉图的可着色性,我们可以使用第 2 章中讨论的保守接合算法。

对图 6.6中给定的示例程序,假定我们有两个可分配的物理寄存器 r_1 和 r_2,则完成寄存器指派后的程序如图 6.8所示。接合产生的平凡的寄存器数据移动,可通过后续的窥孔优化节点移除。

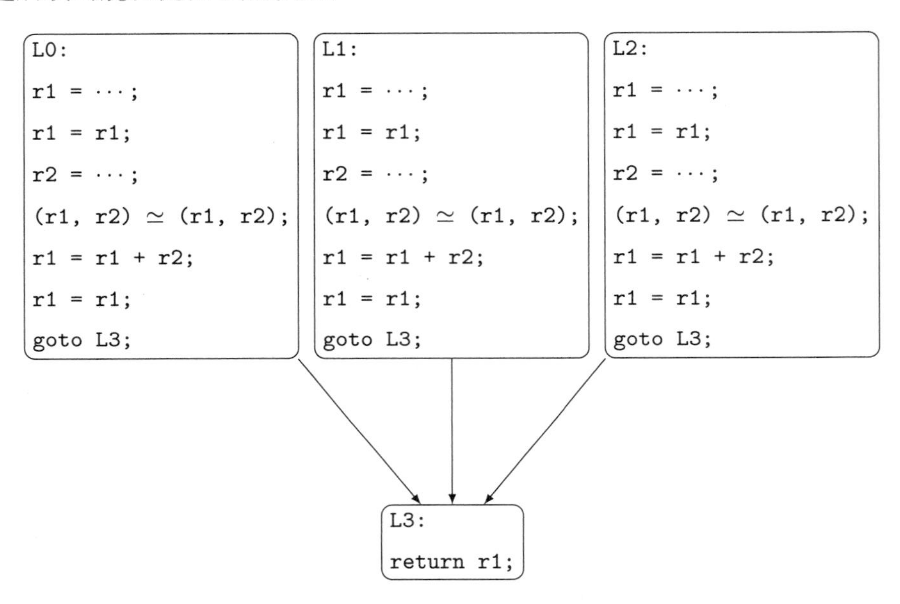

图 6.8 进行完寄存器指派后的程序

6.3.3 时间复杂度

下面我们讨论基于线性规划的寄存器分配算法的时间复杂度。我们把算法的各阶段,按照执行的先后顺序,将其复杂度列在表 6.5 中。

在溢出阶段,为了确定最佳溢出,我们使用了 0-1 整数线性规划,因此该阶段的复杂度实际等价于 0-1 整数线性规划的求解难度,即 NP 完全;在着色阶段,由于我们可以保证在每个程序点的寄存器压力不超过物理寄存器数量 K,因此,可利用 Kempe 算法在多项式量级 $O(V+E)$ 内完成着色;完成最优接合的难度,仍然是 NP 完全的。综上，基于线性规划的寄存器分配算法，整体求解难度仍然是 NP 完全的。

表 6.5

阶段	溢出	着色	接合
复杂度	NP 完全	$O(V+E)$	NP 完全

这里必须要强调的一点是：尽管现代的 0-1 整数线性规划求解器已经非常高效，能够处理数十万量级或更大规模的约束，但限于该问题固有的理论难度，在实际中对大规模程序，仍可能会出现求解器超时等情况；而即便对于小规模程序，约束求解的时间可能会长达数分钟甚至数小时。因此编译器的实现者需要对这类分配器的适用场景进行合理的设计决策，并对可能的超时情况有其他预案，等等。

6.4　深入阅读

Dantzig[73]最早发展了线性规划的理论，并提出了单纯形求解算法；作为运筹学的重要分支，已经有多人出版了大量关于线性规划（包括整数线性规划）的专著和教材，包括 Schrijver[74]、Wolsey[75]、Hillier 等人[76]、Vanderbei[77]，等等。

Goodwin 等人[26,78]最早提出将整数线性规划用于求解寄存器分配问题，并且用 0-1 ILP 统一建模了活跃区间切分、寄存器指派、溢出变量放置、调用者/被调用者保存寄存器、接合等许多优化问题；Kong 等人[79]将 0-1 整数线性规划用于研究非整齐架构的寄存器分配问题；Appel 等人[80]给出了基于整数线性规划的对 CISC 指令集体系结构的分配算法，本章中讨论的算法和 Appel 等人给出的算法类似，也使用了寄存器分配和寄存器指派的两阶段架构。

第 7 章　PBQP 分配

本章讨论基于 PBQP 的寄存器分配。首先,我们讨论二次分配问题的基本概念、模型和求解算法,并给出 PBQP 问题的描述和定义;然后,我们基于 PBQP 对寄存器分配问题进行建模,并给出基于 PBQP 的寄存器分配算法。

7.1　二次分配问题基础

二次分配问题(Quadratic Assignment Problem, QAP)是运筹学中的一个经典研究课题,本节首先对二次分配问题及其特殊形式——划分布尔二次问题(Partitioned Boolean Quadratic Problem, PBQP)进行讨论,这两个问题是我们后续讨论 PBQP 寄存器分配算法的重要基础。

7.1.1　二次分配问题

二次分配问题起源于 20 世纪 50 年代对经济活动中取址问题的研究:假设有 n 家工厂

$$F = \{f_1, \cdots, f_n\}$$

每两家工厂之间都需要运送货物,货物的运输量可用矩阵

$$A = \begin{pmatrix} a_{11} & a_{12} & \cdots & a_{1n} \\ a_{21} & a_{22} & \cdots & a_{2n} \\ \vdots & \vdots & & \vdots \\ a_{n1} & a_{n2} & \cdots & a_{nn} \end{pmatrix} \tag{7.1}$$

描述。其中,矩阵元素 $A(i,j) \in \mathbf{R}$,表示工厂 f_i 向工厂 f_j ,$1 \leqslant i,j \leqslant n$ 运送的货物量。

又给定 n 座城市

$$C = \{c_1, \cdots, c_n\}$$

任意两个城市之间的距离用矩阵

$$D = \begin{pmatrix} d_{11} & d_{12} & \cdots & d_{1n} \\ d_{21} & d_{22} & \cdots & d_{2n} \\ \vdots & \vdots & & \vdots \\ d_{n1} & d_{n2} & \cdots & d_{nn} \end{pmatrix} \tag{7.2}$$

描述。其中,矩阵元素 $D(i,j) \in \mathbf{R}$,表示城市 c_i 和城市 $c_j, 1 \leqslant i,j \leqslant n$ 之间的距离。注意到,矩阵 D 是主对角线元素全为 0 的对称矩阵,即

$$D(i,i) = 0, \quad 1 \leqslant i \leqslant n$$

后面我们会用到这个事实。

如果我们要把这 n 个工厂 F 分别建在这 n 座城市 C,使得每个城市恰好建设一座工厂,则会涉及两个代价:第一个代价是工厂 F 本身的建造代价,我们用矩阵

$$E = \begin{pmatrix} e_{11} & e_{12} & \cdots & e_{1n} \\ e_{21} & e_{22} & \cdots & e_{2n} \\ \vdots & \vdots & & \vdots \\ e_{n1} & e_{n2} & \cdots & e_{nn} \end{pmatrix} \tag{7.3}$$

表示,矩阵元素 $E(i,j) \in \mathbf{R}$,表示把工厂 f_i 建设在城市 $c_j, 1 \leqslant i,j \leqslant n$ 的建设代价。第二个代价是工厂之间的货物运输代价,假设两个工厂 f_i 和 f_j,分别建设在城市 c_h 和 $c_k, 1 \leqslant i,j,h,k \leqslant n$,则两个工厂 f_i 和 f_j 之间货物运输的代价

$$A(i,j) \times D(h,k) \tag{7.4}$$

等于货物运量 $A(i,j)$ 和运输距离 $D(h,k)$ 的乘积。直观上,我们要想降低货物运输代价(7.4),则需把货物运输量 $A(i,j)$ 较高的两个工厂 f_i 和 f_j,尽可能建设在距离 $D(h,k)$ 较近的两个城市 c_h 和 c_k。

现在我们考虑一个工厂建设方案

$$\Pi = \{\pi(f_1), \cdots, \pi(f_n)\} \tag{7.5}$$

即工厂 f_i 建设在城市 $\pi(f_i), 1 \leqslant i \leqslant n$,则涉及的总费用 T 是货物运输费用和工厂建设费用的总和,即

$$T = \sum_{i=1}^{n} \sum_{j=1}^{n} A(i,j) \times D(\pi(i), \pi(j)) + \sum_{i=1}^{n} E(i, \pi(i)) \tag{7.6}$$

二次分配要解决的问题是：如何能够确定一个工厂建设的方案 Π（式 7.5），使得涉及的总费用 T（式 7.6）最低？亦即求解

$$\min\left(\sum_{i=1}^{n}\sum_{j=1}^{n}A(i,j)\times D(\pi(i),\pi(j))+\sum_{i=1}^{n}E(i,\pi(i))\right) \tag{7.7}$$

注意到，工厂建设方案 Π（式 7.5），本质上是所有工厂 F 相对于城市 C 的一个全排列（permutation），则共有 $n!$ 种可能的建设方案。例如，对于 3 个工厂 f_1，f_2，f_3，和 3 个城市 c_1，c_2，c_3，共有 $3!=6$ 种不同的建设方案，如表 7.1 所示。

表 7.1

工厂	$f_1\ f_2\ f_3$	$f_1\ f_3\ f_2$	$f_2\ f_1\ f_3$	$f_2\ f_3\ f_1$	$f_3\ f_1\ f_2$	$f_3\ f_2\ f_1$
城市	$c_1\ c_2\ c_3$	$c_1\ c_2\ c_3$	$c_1\ c_2\ c_3$	$c_1\ c_2\ c_3$	$c_1\ c_2\ c_3$	$c_1\ c_2\ c_3$

我们要计算式（7.7）的最小值，最直截了当的做法是采用穷举算法，即枚举这 $n!$ 种可能的建设方案 Π，然后从中找出最小值；由 Stirling 公式，该穷举算法的时间复杂度为指数量级 $O(n^n)$。实际上，理论上已经证明：二次分配问题是 NP 完全问题，即现在还没找到多项式时间的有效算法，在多数情况下，只能采用启发式算法求得该问题的近似最优解。

7.1.2 PBQP

我们从另外一个角度再来研究二次分配问题，假定我们首先确定任意两个工厂，不妨设为 f_1 和 f_2，则它们之间的货物运量是 $a_{12}=A(1,2)$，则矩阵

$$C_{12}=\begin{pmatrix} a_{12}d_{11} & a_{12}d_{12} & \cdots & a_{12}d_{1n} \\ a_{12}d_{21} & a_{12}d_{22} & \cdots & a_{12}d_{2n} \\ \vdots & \vdots & & \vdots \\ a_{12}d_{n1} & a_{12}d_{n2} & \cdots & a_{12}d_{nn} \end{pmatrix} \tag{7.8}$$

给定了把工厂 f_1 和 f_2 布局在各个城市的所有可能代价。例如，矩阵元素

$$C_{12}(n,1)=a_{12}d_{n1}$$

给定了把两个工厂 f_1 和 f_2 分别布局在城市 c_n 和 c_1 的代价。我们称矩阵（7.8）为布局城市 c_1 和 c_2 的代价矩阵（cost matrix）。

对于工厂 f_i,$1 \leqslant i \leqslant n$,我们引入向量

$$X_i = \begin{pmatrix} x_{i1} \\ x_{i2} \\ \vdots \\ x_{in} \end{pmatrix} \tag{7.9}$$

其中 $x_{ij} \in \{0,1\}$,$1 \leqslant j \leqslant n$,且满足

$$\sum_{j=1}^{n} x_{ij} = 1 \tag{7.10}$$

直观上,向量 X_i 中有且只有一个分量

$$x_{ij} = 1$$

该分量 x_{ij} 标识了把工厂 f_i 建设在城市 c_j 的一个决策,我们称向量 X_i 为 f_i 的**决策向量**(decision vector)。例如,如果 $x_{i2} = 1$,则工厂 f_i 应该建设在城市 c_2。

基于决策向量 X,值

$$\min \left(\begin{pmatrix} x_{11} \\ x_{12} \\ \vdots \\ x_{1n} \end{pmatrix}^{\mathrm{T}} \begin{pmatrix} a_{12}d_{11} & a_{12}d_{12} & \cdots & a_{12}d_{1n} \\ a_{12}d_{21} & a_{12}d_{22} & \cdots & a_{12}d_{2n} \\ \vdots & \vdots & & \vdots \\ a_{12}d_{n1} & a_{12}d_{n2} & \cdots & a_{12}d_{nn} \end{pmatrix} \begin{pmatrix} x_{21} \\ x_{22} \\ \vdots \\ x_{2n} \end{pmatrix} \right) \tag{7.11}$$

给定了工厂 f_1 和 f_2 的最小建造代价。

将式(7.11)推广,我们得到:对于 n 个工厂 F 和 n 个城市 C,最优的布局代价是

$$\min \left(\sum_{i=1}^{n} \sum_{j=1}^{n} X_i^{\mathrm{T}} C_{ij} X_j \right) \tag{7.12}$$

注意到当 $i = j$ 时,式(7.12)中项

$$X_i^{\mathrm{T}} C_{ii} X_i$$

退化成工厂 f_i 在某个城市的建设代价 E(请读者参考式(7.3)),因此,式(7.12)等价于

$$\min \left(\sum_{1 \leqslant i < j \leqslant n} X_i^{\mathrm{T}} C_{ij} X_j + \sum_{i=1}^{n} E_i X_i \right) \tag{7.13}$$

由于将式（7.13）展开后，得到的表达式中变量的最高项次数为 2，因此该问题被称为划分布尔二次问题。我们称式（7.13）为优化的*目标函数*（objective function）。

理论上，PBQP 同样也是 NP 完全问题，即尚未找到通用的多项式时间复杂度的算法。但在很多情况下，都存在多项式时间复杂度的算法，能够高效求解大多数实际问题。

7.2 PBQP 寄存器分配模型

本节讨论基于 PBQP 的寄存器分配模型。首先，我们简要讨论基于 PBQP 进行问题求解的一般步骤；然后，我们基于 PBQP 给出寄存器分配问题的模型；最后，我们讨论一种针对 PBQP 的高效求解算法。

7.2.1 问题求解的一般步骤

用 PBQP 进行问题求解，一般可分成四个步骤（请读者特别注意到用 PBQP 进行问题求解的步骤，和我们在 6.1.3小节中讨论的用 0-1 整数线性规划进行问题求解步骤的相似性）：

(1) 问题建模：首先确定待求解的问题是一个最优化问题，接着确定问题的结构能够表达成 PBQP，最后确定代价矩阵 C（类似式（7.8））和目标函数（类似式（7.13））等；

(2) 约束生成：根据问题的模型，生成必要的约束，在实际问题求解过程中，这个阶段往往可和第一个阶段结合在一起，即在给问题建模的过程中，同时生成约束；

(3) 目标函数最优值求解：完成这个功能的模块一般称为*求解器*（solver），在具体工程中（例如在寄存器分配实现中），往往并不需要重复造轮子实现新的求解器，现在已经有很多高质量的开源或商业的求解器，可作为独立第三方模块直接调用；

(4) 解还原：对约束求解得到的结果，进行合理的解释，得到原问题的解。

接下来，我们分别对各个阶段进行讨论。

7.2.2 寄存器分配的 PBQP 模型

对于给定的 n 个待分配的变量 $t_1,\cdots,t_n$，以及 K 个可供分配的物理寄存器 $r_1,\cdots,r_K$，由于对每个变量 $t_i,1\leqslant i\leqslant n$，只有两种可能的分配结果：

(1) 被分配到一个物理寄存器 $r_j,1\leqslant j\leqslant K$ 中；

(2) 溢出到内存中（如果没有可用物理寄存器的话）。

因此，我们给每个待分配的变量 $t_i,1\leqslant i\leqslant n$，引入决策向量

$$X_i=(x_{i,sp},x_{i,r_1},\cdots,x_{i,r_K})^{\mathrm{T}} \tag{7.14}$$

向量 X_i 的第一个元素 $x_{i,sp}$ 表示变量 t_i 发生了溢出，而元素 x_{i,r_j} 表示变量 t_i 被分配到了物理寄存器 $r_j,1\leqslant j\leqslant K$ 中。

向量 X_i 的 $K+1$ 个向量元素满足

$$x_{i,sp},x_{i,r_1},\cdots,x_{i,r_K}\in\{0,1\}$$

且

$$x_{i,sp}+\sum_{j=1}^{K}x_{i,r_j}=1$$

对于变量 t_i 和 t_j，我们引入维度为 $(K+1)\times(K+1)$ 的代价矩阵

$$C_{ij}=\begin{pmatrix}0 & 0 & \cdots & 0\\ 0 & \infty & \cdots & 0\\ \vdots & \vdots & & \vdots\\ 0 & 0 & \cdots & \infty\end{pmatrix} \tag{7.15}$$

矩阵元素 $C_{ij}(h,k)$ 表示将变量 t_i 和变量 t_j 分别分配到位置 h 和 k 涉及的代价（注意，位置 h 和 k 有可能是某个物理寄存器 r 或者内存）。和上述决策向量（7.14）结合在一起考虑，我们有以下三种情况：

(1) $h=k\neq 1$：这意味着两个变量 t_i 和 t_j 会被分配到同一个物理寄存器 r 中，从寄存器分配的角度看，两个变量 t_i 和 t_j 产生干涉，因此其代价被设置成无穷大 ∞，即

$$C_{ij}(h,k)=\infty$$

(2) $h=k=1$：这意味着两个变量 t_i 和 t_j 都发生了溢出，由于可以溢出到不同的内存位置，两个变量互不干涉，因此其代价被设置为 0，即

$$C_{ij}(1,1)=0$$

(3) $h \neq k$:两个变量被分配到了不同的物理寄存器,或者其中只有一个变量发生了溢出,因此二者互不干涉,其代价被设置为 0,即

$$C_{ij}(h,k) = 0$$

对于给定的变量 $t_i, 1 \leqslant i \leqslant n$,如果它发生溢出,编译器可以为其计算一个溢出代价 $cost(t_i)$(这里,我们同样可以采用在 2.3.2 小节讨论的溢出策略,来具体计算该溢出代价)。在 PBQP 场景中,为了方便把变量 t_i 的溢出代价 $cost(t_i)$ 和该变量的决策向量 X_i 关联起来,我们把溢出代价 $cost(t_i)$ 进一步写成矩阵形式

$$s_i = (cost(t_i), 0, \cdots, 0) \tag{7.16}$$

我们称矩阵(7.16)为变量 t_i 的溢出代价矩阵。变量 t_i 的溢出代价矩阵 s_i 可表达成矩阵乘积形式

$$s_i \cdot X_i = (cost(t_i), 0, \cdots, 0) \cdot \left(x_{i,sp}, x_{i,r_1}, \cdots, x_{i,r_K}\right)^{\mathrm{T}}$$

基于分配代价矩阵(7.15)和溢出代价矩阵(7.16),我们可以给出寄存器分配问题的 PBQP 模型

$$\min\left(\sum_{1 \leqslant i < j \leqslant n} X_i^{\mathrm{T}} C_{ij} X_j + \sum_{i=1}^{n} s_i X_i\right) \tag{7.17}$$

对寄存器分配的 PBQP 模型,有两个关键点需要注意:第一,式(7.17)一定能够计算得到一个有限值;注意到,令所有变量 $t_i, 1 \leqslant i \leqslant n$ 的决策向量

$$X_i = (1, 0, \cdots, 0)^{\mathrm{T}}$$

即所有的变量 $t_i, 1 \leqslant i \leqslant n$ 都发生了溢出,则我们有

$$\sum_{1 \leqslant i < j \leqslant n} X_i^{\mathrm{T}} C_{ij} X_j + \sum_{i=1}^{n} s_i X_i = 0 + \sum_{i=1}^{n} cost(t_i) = \sum_{i=1}^{n} cost(t_i) \tag{7.18}$$

即寄存器分配产生的总代价,就是所有变量 $t_i, 1 \leqslant i \leqslant n$ 溢出的代价 $cost(t_i)$ 之和。当然,此时产生的代价(7.18)一定不是最小值。第二,要注意到基于寄存器分配的 PBQP 模型(7.17)得到的分配结果,一定不会产生变量干涉的情况,即两个不同变量 t_i 和 t_j 不会被分配到同一个物理寄存器 r 中。因为如果这种情况发生的话,则寄存器分配总代价为

$$\sum_{1 \leqslant i < j \leqslant n} X_i^{\mathrm{T}} C_{ij} X_j + \sum_{i=1}^{n} s_i X_i = \infty \tag{7.19}$$

注意到式（7.19）的代价高于式（7.18）的代价，因此，式（7.19）不可能是最小值。

7.2.3 PBQP 图

上面小节给出的寄存器分配的 PBQP 计算模型，尽管理论上非常严格，但相对抽象。本小节讨论一个表达能力等价，但更加直观的模型——PBQP 图。PBQP 图会让我们对 PBQP 寄存器分配的本质有更深入的认识。

给定程序 P 的干涉图 $G=(V,E)$，我们可以给干涉图 G 的每个节点 $t_i \in V$（即变量），都标记其对应的决策向量 X_i；给干涉图 G 的每条边 $(t_i,t_j) \in E$，都标记该边的两个干涉变量 t_i 和 t_j 对应的代价矩阵 C_{ij}，这样得到的图称为 PBQP 图（PBQP graph）。

以包含三个节点 x，y 和 z 的完全图 K^3 为例，其对应于三个物理寄存器的 PBQP 图如图 7.1所示。

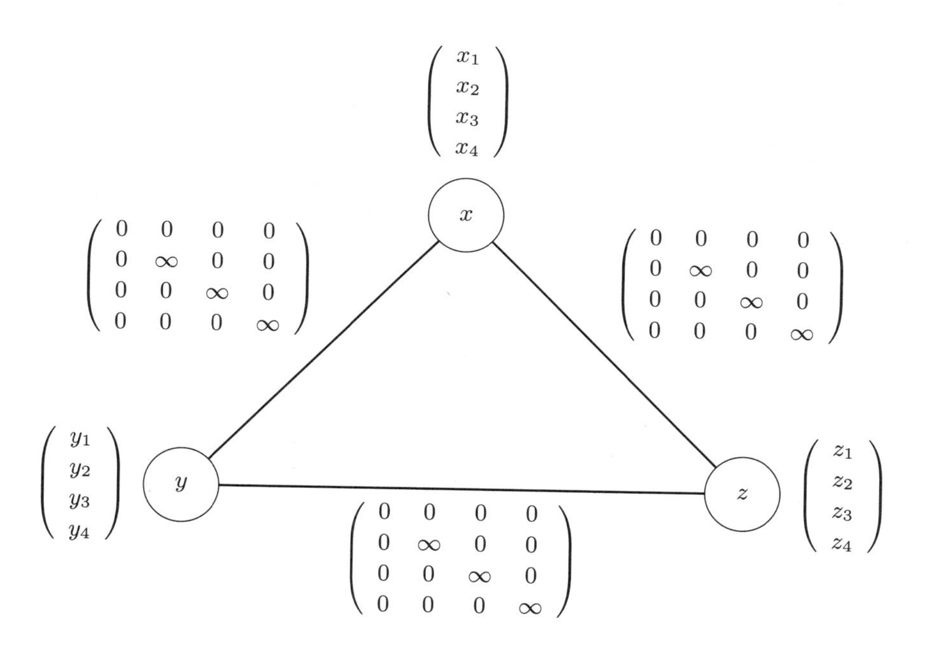

图 7.1 K^3 干涉图对应的 PBQP 图

在这个 PBQP 图中，每个节点 t 都关联了一个决策向量 X_t，该决策向量表示对应节点可能的分配结果；图中的每条边 (t_i,t_j) 都关联了一个代价矩阵 C_{t_i,t_j}，表

明该边上的两个节点 t_i 和 t_j 干涉;以边 (x,y) 为例,其分配代价是

$$(x_1,x_2,x_3,x_4)\begin{pmatrix} 0 & 0 & 0 & 0 \\ 0 & \infty & 0 & 0 \\ 0 & 0 & \infty & 0 \\ 0 & 0 & 0 & \infty \end{pmatrix}\begin{pmatrix} y_1 \\ y_2 \\ y_3 \\ y_4 \end{pmatrix} \tag{7.20}$$

对于 $2 \leqslant i \leqslant 4$,不可能出现

$$x_i = y_i = 1$$

因此,寄存器分配器不会将变量 x 和 y 分配到一个物理寄存器 r 中。这个结论和式(7.19)给出的结论一致。

我们在 2.4 节讨论过,基于干涉图模型给寄存器分配建模的强大之处在于:我们可以基于干涉图模型,统一描述干涉和接合(用图中的移动边表达接合)。类似地,基于 PBQP 图,我们同样可以统一表达干涉和接合。从执行代价角度看,如果编译器能够把数据移动指令

$$t_i = t_j$$

中的两个变量 t_i 和 t_j 进行接合,则意味着编译器能够把这两个变量 t_i 和 t_j 分配到同一个物理寄存器 r 中,从而把这条数据移动指令删除,程序的执行时间减少;否则,如果编译器无法完成接合,最终的代码中将包含数据移动指令,其执行时间会增加。

基于上述分析,我们可以给出移动边相关变量 t_i 和 t_j 的接合代价矩阵

$$M_{ij} = \begin{pmatrix} 0 & 0 & \cdots & 0 \\ 0 & -1 & \cdots & 0 \\ \vdots & \vdots & & \vdots \\ 0 & 0 & \cdots & -1 \end{pmatrix} \tag{7.21}$$

其中矩阵元素 $M_{ij}(h,k), 1 \leqslant h,k \leqslant K+1$ 满足

$$M_{ij}(h,k) = \begin{cases} -1, & \text{如果} h = k \neq 1 \\ 0, & \text{其他} \end{cases} \tag{7.22}$$

直观上,式(7.21)表明:如果编译器能够完成接合,则其代价为 -1,即会降低总代价;如果没能够完成接合(或者至少一个变量发生了溢出),则其代价为 0,即没有降低总代价。

和寄存器分配类似，基于接合代价矩阵（7.21），接合涉及的总代价是

$$\sum_{1\leqslant i<j\leqslant n} X_i^{\mathrm{T}} M_{ij} X_j \tag{7.23}$$

由于 PBQP 的求解目标是求式（7.17）的值，因此编译器会倾向于把移动边关联的两个变量 t_i 和 t_j，分配到同一个物理寄存器 r 中。

在结束本小节的讨论前，我们有必要指出：相比其他分配算法，寄存器分配的 PBQP 算法的优美之处在于它能够把分配、溢出、接合等阶段统一进行表达，即

$$\min\left(\sum_{1\leqslant i<j\leqslant n} X_i^{\mathrm{T}} C_{ij} X_j + \sum_{1\leqslant i<j\leqslant n} X_i^{\mathrm{T}} M_{ij} X_j + \sum_{i=1}^{n} s_i X_i\right) \tag{7.24}$$

的最优解给定了寄存器分配、溢出和接合的最终结果。

7.3　PBQP 寄存器分配算法

基于上面讨论的寄存器分配的 PBQP 模型，我们在本节给出 PBQP 寄存器分配算法以及一种对 PBQP 高效求解的启发式算法。

7.3.1　PBQP 寄存器分配算法

基于 PBQP 的寄存器分配算法 pbqp_reg_alloc() 代码如下：

```
1  void pbqp_reg_alloc(program p){
2    ig = build_ig(p); // build the interference graph
3    pbqp_model = build_PBQP(ig);
4    result = solve_PBQP(pbqp_model);
5    alloc_reg(result);
6  }
```

算法 pbqp_reg_alloc() 接受待进行寄存器分配的程序 P 作为输入，对程序完成寄存器分配。算法分成四个主要步骤：

(1) 构造程序 P 的干涉图 ig：注意到这个步骤所构造的干涉图 ig，只在下一步中用来构造程序 P 的 PBQP 模型 pbqp_model，因此该干涉图 ig 可以是隐式的，这可以显著节省构造干涉图 ig 所需的时间和存储空间；

(2) 从干涉图 ig 构造 PBQP 模型 pbqp_model：本质上，这个过程即构造程序 P 的代价公式（7.24）；

(3) 对 PBQP 模型 pbqp_model 进行求解：即求解式（7.24）的最小值以及相对应的各个决策向量 X 的具体值；

(4) 对解进行还原：根据求得的决策向量 X 的值，确定每个变量 t 的寄存器分配结果。

在本章前面的几个小节，我们已经讨论了上述算法的第一和第二个步骤，而第四个步骤是平凡的。接下来，我们重点讨论第三个步骤，即对 PBQP 的有效求解算法。

7.3.2 PBQP 求解算法

用 PBQP 模型给寄存器分配进行建模后，对模型的高效求解非常关键。但由于一般情况下，PBQP 的求解是 NP 完全问题，因此，我们往往只能采用一些有效的求解策略，求问题的近似最优解。总的来说，PBQP 的求解方法可分成两大类：

(1) 专门的求解库：目前已经有了若干专门的 PBQP 求解库，可供直接调用。这类求解库一般都精心设计了编程接口，并且内置了很多特殊的求解策略，因此使用起来比较方便高效，但是由于求解库设计和实现的重点在于考虑问题的一般性，面对一些特殊问题场景时，可能不够有针对性，需要进行一些优化和定制。

(2) 启发式算法：基于启发式算法求问题的近似最优解，这种策略的优势是可以针对特定问题的具体特点，定制特殊的求解策略，但会增大问题的求解难度和求解工作量。

总之，基于 PBQP 的固有求解难度，编译器实现者需要对拟采用的求解策略，针对运行效率、工程实现难度与工作量、解的最优性等方面综合评估，权衡后确定最佳方案。对第一种求解策略，感兴趣的读者可参考专门的 PBQP 求解库的相关文档。接下来，我们重点讨论第二种基于启发式算法的 PBQP 求解策略。

我们拟讨论的启发式算法的核心思想，是对 PBQP 图进行归约，即从 PBQP 图 G 中反复移除节点 v 和边 e，直到图 G 变成只有孤立节点的平凡的图为止，此时，我们可以容易确定该 PBQP 图的（近似）最优解以及对应的决策向量 X 的具体值。

为了更深入地理解 PBQP 图归约的基本原理，我们先来研究一个实例。不失一般性，考虑图 7.2 中的 PBQP 图。

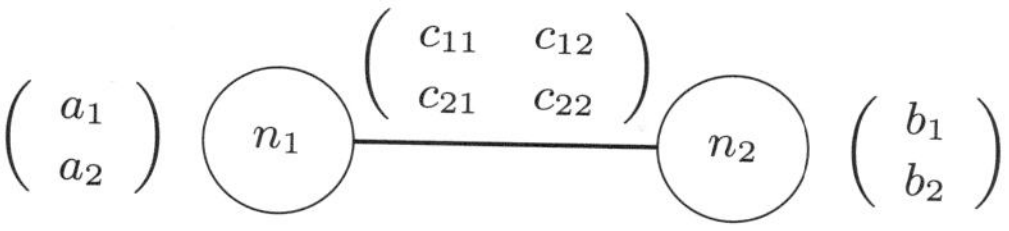

$$\begin{pmatrix} a_1 \\ a_2 \end{pmatrix} \quad n_1 \quad \overset{\begin{pmatrix} c_{11} & c_{12} \\ c_{21} & c_{22} \end{pmatrix}}{\text{———}} \quad n_2 \quad \begin{pmatrix} b_1 \\ b_2 \end{pmatrix}$$

图 7.2　对 PBQP 图进行归约示例

根据式(7.24)，图 7.2对应的寄存器分配代价

$$\min\left(\begin{pmatrix} x_1 & x_2 \end{pmatrix}\begin{pmatrix} c_{11} & c_{12} \\ c_{21} & c_{22} \end{pmatrix}\begin{pmatrix} y_1 \\ y_2 \end{pmatrix} + \begin{pmatrix} x_1 & x_2 \end{pmatrix}\begin{pmatrix} a_1 \\ a_2 \end{pmatrix} + \begin{pmatrix} y_1 & y_2 \end{pmatrix}\begin{pmatrix} b_1 \\ b_2 \end{pmatrix}\right)$$

$$= \min\left((c_{11}x_1 + c_{21}x_2)y_1 + (c_{12}x_1 + c_{22}x_2)y_2 + a_1x_1 + a_2x_2 + \begin{pmatrix} y_1 & y_2 \end{pmatrix}\begin{pmatrix} b_1 \\ b_2 \end{pmatrix}\right)$$

$$= \begin{pmatrix} y_1 & y_2 \end{pmatrix}\begin{pmatrix} b_1 + \min\begin{pmatrix} a_1 + c_{11} \\ a_2 + c_{21} \end{pmatrix} \\ b_2 + \min\begin{pmatrix} a_1 + c_{12} \\ a_2 + c_{22} \end{pmatrix} \end{pmatrix}$$

上述计算结果表明，我们可以把图 7.2中的节点 n_1 移除，并且把节点 n_1 上的代价向量

$$\begin{pmatrix} a_1 \\ a_2 \end{pmatrix}$$

以及边 (n_1, n_2) 上的代价矩阵

$$\begin{pmatrix} c_{11} & c_{12} \\ c_{21} & c_{22} \end{pmatrix}$$

都转移到节点 n_2 的代价向量

$$\begin{pmatrix} b_1 \\ b_2 \end{pmatrix}$$

上，从而得到只有孤立节点的平凡图 7.3。

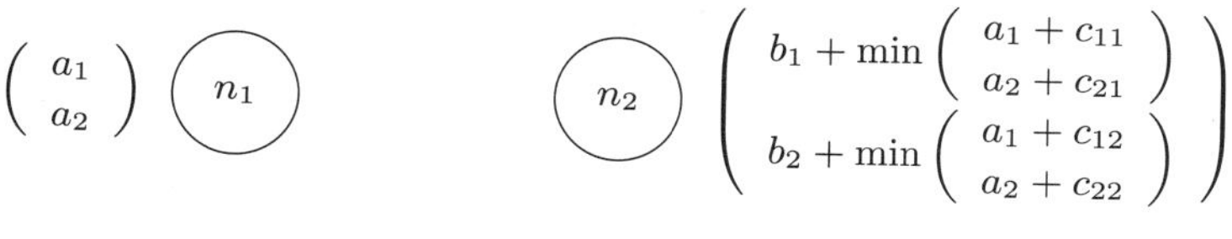

$$\begin{pmatrix} a_1 \\ a_2 \end{pmatrix} \quad n_1 \qquad\qquad n_2 \quad \begin{pmatrix} b_1 + \min\begin{pmatrix} a_1 + c_{11} \\ a_2 + c_{21} \end{pmatrix} \\ b_2 + \min\begin{pmatrix} a_1 + c_{12} \\ a_2 + c_{22} \end{pmatrix} \end{pmatrix}$$

图 7.3　对 PBQP 图进行归约的结果

由于上述归约过程消去了一个度为 1 的节点（及该节点关联的边），因此，我们可称这种归约为 1 度归约。一般地，给定 PBQP 图 G，对 G 中节点 t 进行归约，就是移除节点 t 及其所关联的所有边 (t,s) 的过程。按照被消去的节点 t 的度，归约可具体分成如下三类：

(1) 1 度归约：消去度为 1 的节点及其关联的边；

(2) 2 度归约：消去度为 2 的节点及其关联的边；

(3) N 度归约：消去度为 N（$N>2$）的节点及其关联的边。

尽管这三类归约消去的节点 t 的度不同，但这三类归约的本质思想都是相同的，即把 PBQP 图 G 中待消去的节点 t 关联的代价向量 E_t，以及其对应边 (t,s) 上关联的代价矩阵 $C_{t,s}$ 都转移到其邻接点 s 上；然后把节点 t 和边 (t,s) 都从图 G 中移除，从而实现对图 G 的化简。

这三类归约中的前两类是可靠的，即这两类归约不改变 PBQP 问题解的最优性；最后一类归约不是可靠的，即归约后有可能得不到最优解。

基于上述讨论的节点归约的核心思想，我们给出如下的 PBQP 求解算法 solve_PBQP()：

```
1  void reduce_1(vertex x){
2    y = adj(x);
3    for(i=1; i<len(E_y)); i++)
4      Δ(i) = min(C_x,y(i, :) + E_x);
5    E_y += Δ;
6    remove_vertex(x);
7  }
8
9  void reduce_2(vertex x){
10   y, z = adj(x);
11   for(i=1; i<len(E_y)); i++)
12     for(j=1; j<len(E_z)); j++)
13       Δ(i, j) = min(C_x,y(i, :) + C_x,z(j, :) + E_x);
14   C_y,z += Δ;
15   remove_vertex(x);
16 }
17
```

```
18 void reduce_N(vertex x){
19   for(i=1; i<len(E_x); i++){
20     Δ(i) = 0;
21     for(each vertex y ∈ adj(x))
22       Δ(i) += min(C_x,y(i, :) + E_y);
23   }
24   min_index = get_min_index(Δ);
25   for(each vertex y ∈ adj(x))
26     E_y += C_x,y(min_index, :);
27   remove_vertex(x);
28 }
29
30 void solve_PBQP(graph pbqp_model){
31   while(pbqp_model still has edges){
32     simplify(pbqp_model);
33     while(there exists any vertex x of degree 1)
34       reduce_1(x);
35     while(there exists any vertex x of degree 2)
36       reduce_2(x);
37     while(there exists any vertex x of degree more than 2)
38       reduce_N(x);
39   }
40   decide_decision_vector(pbqp_model);
41 }
```

该算法接受待求解的 PBQP 图 pbqp_model 作为输入，依次移除 PBQP 图中的节点 x：按照节点 x 的度为 1,2 或 N，分别调用函数 reduce_1()，reduce_2() 或 reduce_N() 将节点 x 从 PBQP 图 pbqp_model 中移除。其中 reduce_1() 函数的执行过程我们已经讨论过，此处不再赘述。注意其中的记号 $C_{x,y}(i,:)$ 表示取矩阵 $C_{x,y}$ 的第 i 列元素，下同。

函数 reduce_2() 移除 2 度节点，其核心思想与函数 reduce_1() 的核心思想类似，它把待移除节点 x 的代价向量 E_x 以及两条边 (x,y) 和 (x,z) 上的两个代价矩阵 $C_{x,y}$ 和 $C_{x,z}$，都转移到边 (y,z) 的代价矩阵 $C_{y,z}$ 上（如果边 (y,z) 原本不存在，则新建该边）。该算法的正确性的证明，与函数 reduce_1() 的正确性的证明类似,作为练习留给读者。

函数 reduce_$N()$ 消去度为 N($N>2$)的节点 x,该函数使用了启发式策略:首先,该函数检查节点 x 的每个邻接点 y,找到能够取得局部最小值的下标 min_index,并令该下标处节点 x 的决策向量 X_x 值为 1,即

$$X_x(\texttt{min\_index}) = 1$$

接着,函数按照 min_index 下标,将节点 x 关联的代价矩阵 $C_{x,y}$ 的相应列 $C_{x,y}(\texttt{min\_index,:})$ 的值,转移到其邻接点 y 的代价向量 E_y 上。

为了进一步理解算法 solve_PBQP() 的执行流程,我们研究一个具体实例,该实例展示了基于上述启发式算法进行 PBQP 求解的核心过程。给定图 7.4中所示的 PBQP 图,图中各个节点 x 对应的代价向量 E_x,已被分别标注在对应节点 x 旁;图中各条边对应的代价矩阵分别为:

$$C_{0,2}=\begin{pmatrix}3&4&5\\5&6&7\end{pmatrix},\quad C_{0,4}=\begin{pmatrix}7\\3\end{pmatrix},\quad C_{0,1}=\begin{pmatrix}2&7\\0&9\end{pmatrix}$$

$$C_{1,3}=\begin{pmatrix}1&8\\7&9\end{pmatrix},\quad C_{1,2}=\begin{pmatrix}3&6&0\\6&2&6\end{pmatrix},\quad C_{2,4}=\begin{pmatrix}3\\2\\1\end{pmatrix}$$

$$C_{2,3}=\begin{pmatrix}2&0\\2&3\\7&5\end{pmatrix}$$

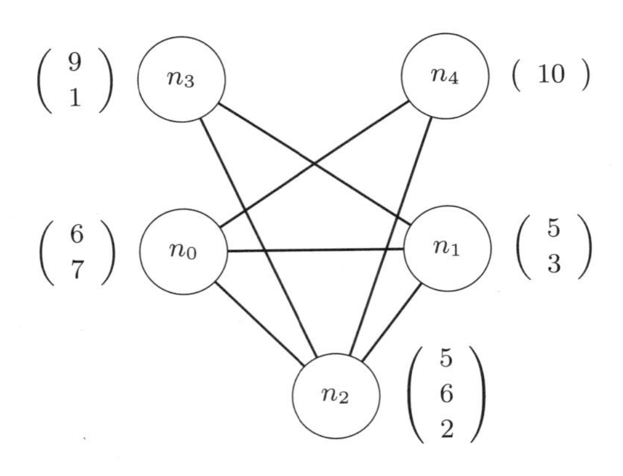

图 7.4 PBQP 示例图

需要注意的是,该 PBQP 图给定的代价向量 E 和代价矩阵 C,与我们在寄存

器分配问题中研究的代价向量和代价矩阵相比,包含任意整数,而不仅只包含元素 0 和 ∞,因此该实例更具一般性。

算法 solve_PBQP() 循环中的第一个步骤,是调用 simplify() 函数对 PBQP 图进行化简,对图化简有利于简化算法后续步骤的执行。PBQP 图化简同样基于启发式算法,可采用的策略包括(但不限于):

(1) 平凡节点及其边的移除;

(2) 边上代价矩阵的化简。

接下来,我们结合该实例分别进行讨论。

1. 平凡节点及其边的移除

PBQP 图中的一个节点 x 被称为平凡节点,当且仅当节点 x 的代价向量 E_x 仅包含单个数据元素(即向量的长度为 1)。例如,考虑图 7.4中的节点 n_4,该节点的代价向量 (10) 仅包含单元素 10,因此节点 n_4 是一个平凡节点。

如果节点 x 是平凡节点,则其决策向量

$$X_x = (1)$$

因此,我们可以将该平凡节点 x 及其所关联的边都从 PBQP 图中移除,从而实现对图的化简。例如,考虑图 7.4中的节点 n_4 及其关联的边 (n_4,n_0),按照式(7.17),其涉及的总代价是

$$\begin{aligned}
&\begin{pmatrix} x_1 & x_2 \end{pmatrix}\begin{pmatrix} 7 \\ 3 \end{pmatrix}\begin{pmatrix} y \end{pmatrix} + \begin{pmatrix} x_1 & x_2 \end{pmatrix}\begin{pmatrix} 6 \\ 7 \end{pmatrix} \\
&= \begin{pmatrix} x_1 & x_2 \end{pmatrix}\begin{pmatrix} 7 \\ 3 \end{pmatrix} + \begin{pmatrix} x_1 & x_2 \end{pmatrix}\begin{pmatrix} 6 \\ 7 \end{pmatrix} \\
&= \begin{pmatrix} x_1 & x_2 \end{pmatrix}\begin{pmatrix} 13 \\ 10 \end{pmatrix}
\end{aligned}$$

这意味着我们可以把边 (n_0,n_4) 上的代价矩阵 $C_{0,4}$,累加到节点 n_0 的代价向量 E_{n_0} 上,得到节点 n_0 的新的代价向量。类似地,我们可以移除边 (n_2,n_4),并把该边上的代价矩阵 $C_{2,4}$ 累加到节点 n_2 的代价向量 E_{n_2} 上,我们把这个计算过程,作为练习留给读者。

消去图 7.4中的平凡节点 n_4 及其关联的边 (n_0,n_4) 和 (n_2,n_4) 后,得到的 PBQP 图如图 7.5所示,请读者特别注意节点 n_0 和 n_2 上的代价向量 E_{n_0} 和 E_{n_2},相比初始图 7.4中相应代价向量的变化。

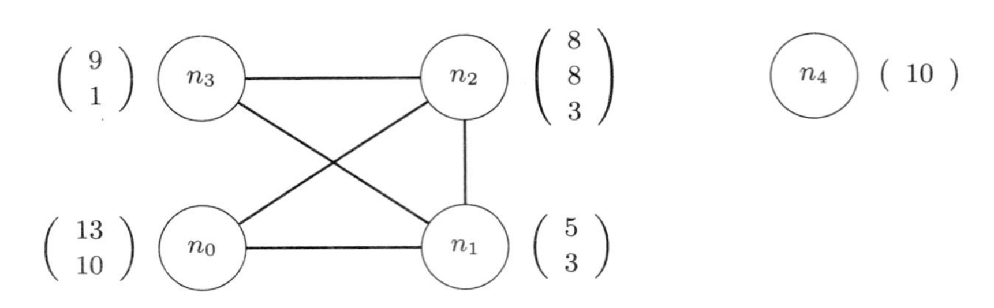

图 7.5　移除节点 n_4 及其关联的边后得到的 PBQP 图

图 7.5的边所关联的代价矩阵分别为

$$C_{0,2} = \begin{pmatrix} 3 & 4 & 5 \\ 5 & 6 & 7 \end{pmatrix},\quad C_{0,1} = \begin{pmatrix} 2 & 7 \\ 0 & 9 \end{pmatrix},\quad C_{1,3} = \begin{pmatrix} 1 & 8 \\ 7 & 9 \end{pmatrix}$$

$$C_{1,2} = \begin{pmatrix} 3 & 6 & 0 \\ 6 & 2 & 6 \end{pmatrix},\quad C_{2,3} = \begin{pmatrix} 2 & 0 \\ 2 & 3 \\ 7 & 5 \end{pmatrix}$$

2. 边上代价矩阵的化简

边上代价矩阵化简的主要目标，是把给定边 (x,y) 上代价矩阵 $C_{x,y}$ 的部分值，分摊到该边关联的两个节点 x 和 y 的代价向量 E_x 和 E_y 上，从而简化边上的代价矩阵 $C_{x,y}$；如果化简完毕后，代价矩阵 $C_{x,y}$ 被化简为元素全为 0 的矩阵，则可将该边 (x,y) 从图中移除。

考虑图 7.5中的边 (n_0,n_2)，其代价矩阵为 $C_{0,2}$ 的两行，分别是起始元素为 3 和 5、公差为 1 的等差数列，其总代价为

$$\begin{aligned}
&\begin{pmatrix} x_1 & x_2 \end{pmatrix}\begin{pmatrix} 3 & 4 & 5 \\ 5 & 6 & 7 \end{pmatrix}\begin{pmatrix} y_1 \\ y_2 \\ y_3 \end{pmatrix} + \begin{pmatrix} x_1 & x_2 \end{pmatrix}\begin{pmatrix} 13 \\ 10 \end{pmatrix} + \begin{pmatrix} y_1 & y_2 & y_3 \end{pmatrix}\begin{pmatrix} 8 \\ 8 \\ 3 \end{pmatrix} \\
&= \begin{pmatrix} x_1 & x_2 \end{pmatrix}\begin{pmatrix} 0 & 0 & 0 \\ 0 & 0 & 0 \end{pmatrix}\begin{pmatrix} y_1 \\ y_2 \\ y_3 \end{pmatrix} + \begin{pmatrix} x_1 & x_2 \end{pmatrix}\begin{pmatrix} 16 \\ 15 \end{pmatrix} + \begin{pmatrix} y_1 & y_2 & y_3 \end{pmatrix}\begin{pmatrix} 8 \\ 9 \\ 5 \end{pmatrix} \\
&= \begin{pmatrix} x_1 & x_2 \end{pmatrix}\begin{pmatrix} 16 \\ 15 \end{pmatrix} + \begin{pmatrix} y_1 & y_2 & y_3 \end{pmatrix}\begin{pmatrix} 8 \\ 9 \\ 5 \end{pmatrix}
\end{aligned}$$

因此，我们可以把矩阵（起始元素）

$$\begin{pmatrix} 3 \\ 5 \end{pmatrix}$$

和矩阵（公差）

$$\begin{pmatrix} 0 \\ 1 \\ 2 \end{pmatrix}$$

分别累加到节点 n_0 和 n_2 的代价向量 E_{n_0} 和 E_{n_2} 上，即

$$\begin{pmatrix} 3 \\ 5 \end{pmatrix} + \begin{pmatrix} 13 \\ 10 \end{pmatrix} = \begin{pmatrix} 16 \\ 15 \end{pmatrix}$$
$$\begin{pmatrix} 0 \\ 1 \\ 2 \end{pmatrix} + \begin{pmatrix} 8 \\ 8 \\ 3 \end{pmatrix} = \begin{pmatrix} 8 \\ 9 \\ 5 \end{pmatrix}$$

由于化简后的代价矩阵 $C_{0,2}$ 元素均为 0，则可将该边 (n_0,n_2) 从图中移除，得到的 PBQP 图如图 7.6 所示。

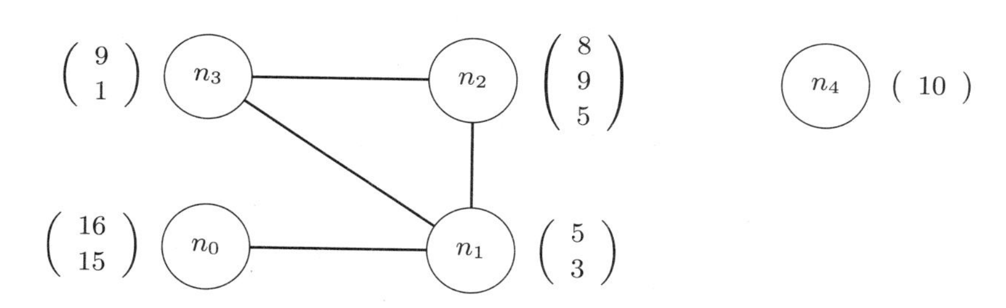

图 7.6 移除边 (n_0,n_2) 后得到的 PBQP 图

图 7.6的边上关联的代价矩阵为

$$C_{0,1} = \begin{pmatrix} 2 & 7 \\ 0 & 9 \end{pmatrix}, \quad C_{1,3} = \begin{pmatrix} 1 & 8 \\ 7 & 9 \end{pmatrix}, \quad C_{1,2} = \begin{pmatrix} 3 & 6 & 0 \\ 6 & 2 & 6 \end{pmatrix}$$
$$C_{2,3} = \begin{pmatrix} 2 & 0 \\ 2 & 3 \\ 7 & 5 \end{pmatrix}$$

一般地，对于给定的 PBQP 图中的边 (x,y) 关联的代价矩阵

$$C_{x,y} = \begin{pmatrix} c_{11} & \cdots & c_{1n} \\ \vdots & & \vdots \\ c_{k1} & \cdots & c_{kn} \\ \vdots & & \vdots \\ c_{m1} & \cdots & c_{mn} \end{pmatrix} \tag{7.25}$$

以及节点 x 上的代价向量

$$E_x = \begin{pmatrix} a_1 \\ \vdots \\ a_k \\ \vdots \\ a_m \end{pmatrix} \tag{7.26}$$

和节点 y 上的代价向量

$$E_y = \begin{pmatrix} b_1 \\ \vdots \\ b_k \\ \vdots \\ b_n \end{pmatrix} \tag{7.27}$$

令 $u_k, 1 \leqslant k \leqslant m$ 是代价矩阵 $C_{x,y}$ 第 k 行的最小值,即

$$u_k = \min\{c_{k1}, \cdots, c_{kn}\}$$

则代价矩阵 $C_{x,y}$ 和代价向量 E_x 分别可变换为

$$C_{x,y} = \begin{pmatrix} c_{11} & \cdots & c_{1n} \\ \vdots & & \vdots \\ c_{k1} - u_k & \cdots & c_{kn} - u_k \\ \vdots & & \vdots \\ c_{m1} & \cdots & c_{mn} \end{pmatrix} \tag{7.28}$$

和

$$E_x = \begin{pmatrix} a_1 \\ \vdots \\ a_k + u_k \\ \vdots \\ a_m \end{pmatrix} \tag{7.29}$$

类似地,我们可以分别求代价矩阵 $C_{x,y}$ 每一列的最小值,并对边 (x,y) 上的代价矩阵 $C_{x,y}$ 和节点 y 的代价向量 E_y 进行变换,详细过程作为练习留给读者。

按照上述化简规则,继续化简图 7.6中的边 (n_0,n_1),该边关联的代价矩阵 $C_{0,1}$ 的变换过程是

$$\begin{pmatrix} 2 & 7 \\ 0 & 9 \end{pmatrix} \rightarrow \begin{pmatrix} 0 & 5 \\ 0 & 9 \end{pmatrix} \rightarrow \begin{pmatrix} 0 & 0 \\ 0 & 4 \end{pmatrix}$$

因此得到的 PBQP 图如图 7.7所示。

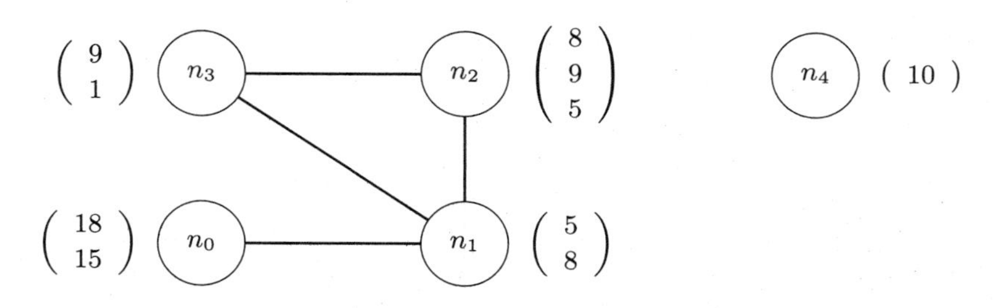

图 7.7 化简完边 (n_0, n_1) 后得到的 PBQP 图

图 7.7的边上关联的代价矩阵分别为

$$C_{0,1} = \begin{pmatrix} 0 & 0 \\ 0 & 4 \end{pmatrix}, \quad C_{1,3} = \begin{pmatrix} 1 & 8 \\ 7 & 9 \end{pmatrix}, \quad C_{1,2} = \begin{pmatrix} 3 & 6 & 0 \\ 6 & 2 & 6 \end{pmatrix}$$

$$C_{2,3} = \begin{pmatrix} 2 & 0 \\ 2 & 3 \\ 7 & 5 \end{pmatrix}$$

类似地,我们可继续化简图 7.7中的其他边及其关联的代价矩阵,由于化简过程和化简边 (n_0, n_1) 的过程非常类似,我们不再列出详细的过程,而只给出各个步骤化简完成后得到的结果。

化简完边 (n_1, n_3) 后,得到的 PBQP 图如图 7.8 所示。

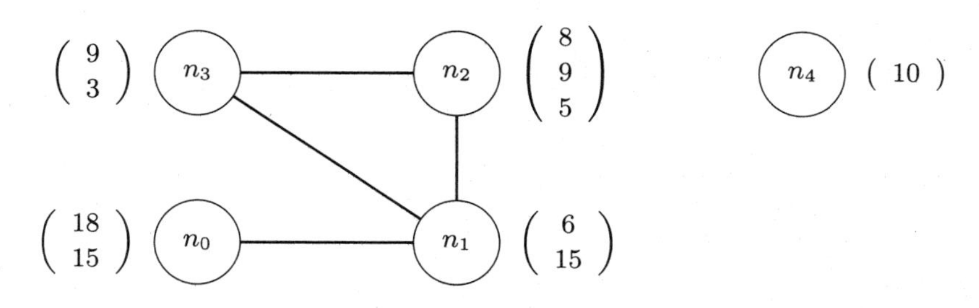

图 7.8 化简边 (n_1, n_3) 后得到的 PBQP 图

图 7.8的边上关联的代价矩阵分别为

$$C_{0,1} = \begin{pmatrix} 0 & 0 \\ 0 & 4 \end{pmatrix}, \quad C_{1,3} = \begin{pmatrix} 0 & 5 \\ 0 & 0 \end{pmatrix}, \quad C_{1,2} = \begin{pmatrix} 3 & 6 & 0 \\ 6 & 2 & 6 \end{pmatrix}$$

$$C_{2,3} = \begin{pmatrix} 2 & 0 \\ 2 & 3 \\ 7 & 5 \end{pmatrix}$$

化简完边 (n_1,n_2) 后,得到的 PBQP 图如图 7.9 所示。

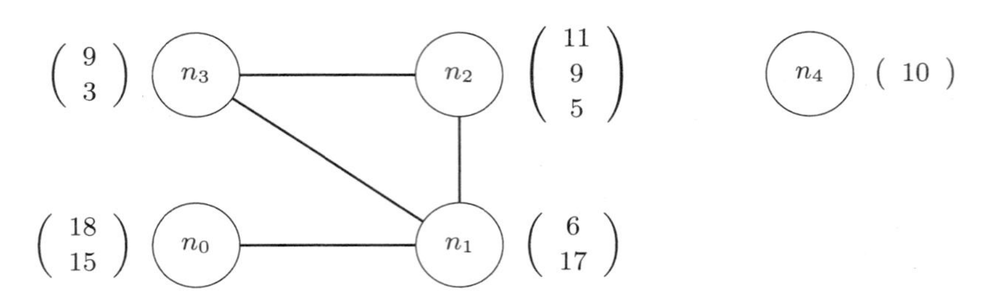

图 7.9　化简完边 (n_1,n_2) 后得到的 PBQP 图

图 7.9的边上关联的代价矩阵分别为

$$C_{0,1}=\begin{pmatrix}0 & 0\\ 0 & 4\end{pmatrix},\quad C_{1,3}=\begin{pmatrix}0 & 5\\ 0 & 0\end{pmatrix},\quad C_{1,2}=\begin{pmatrix}0 & 6 & 0\\ 1 & 0 & 4\end{pmatrix}$$

$$C_{2,3}=\begin{pmatrix}2 & 0\\ 2 & 3\\ 7 & 5\end{pmatrix}$$

化简完边 (n_2,n_3) 后,得到的 PBQP 图如图 7.10 所示。

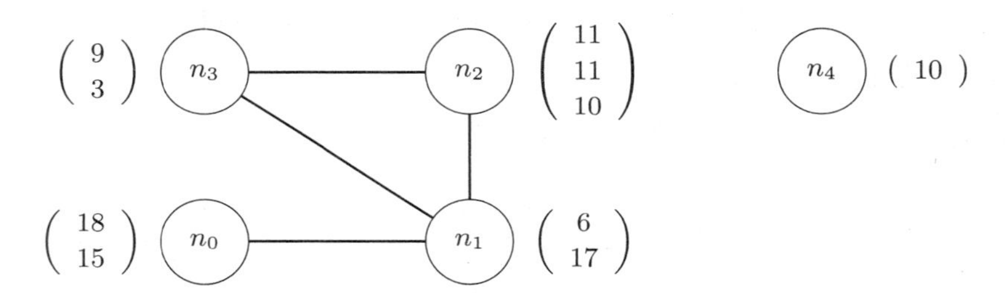

图 7.10　化简完边 (n_2,n_3) 后得到的 PBQP 图

图 7.10的边上关联的代价矩阵为

$$C_{0,1}=\begin{pmatrix}0 & 0\\ 0 & 4\end{pmatrix},\quad C_{1,3}=\begin{pmatrix}0 & 5\\ 0 & 0\end{pmatrix},\quad C_{1,2}=\begin{pmatrix}0 & 6 & 0\\ 1 & 0 & 4\end{pmatrix}$$

$$C_{2,3}=\begin{pmatrix}2 & 0\\ 0 & 1\\ 2 & 0\end{pmatrix}$$

至此,我们完成了对 PBQP 图中所有边的化简。

接下来,算法首先进行 1 度归约,以图 7.10中的节点 n_0 为例,我们要把节点 n_0 的代价向量 E_0 和边 (n_0,n_1) 的代价矩阵 $C_{0,1}$,转移到节点 n_1 上,只需计算两

个差值

$$\delta_1 = \min\left(\begin{pmatrix} 18 \\ 15 \end{pmatrix} + \begin{pmatrix} 0 \\ 0 \end{pmatrix}\right) = 15 \tag{7.30}$$

$$\delta_2 = \min\left(\begin{pmatrix} 18 \\ 15 \end{pmatrix} + \begin{pmatrix} 0 \\ 4 \end{pmatrix}\right) = 18 \tag{7.31}$$

则需要转移到节点 n_1 上的差值

$$\Delta = \begin{pmatrix} \delta_1 \\ \delta_2 \end{pmatrix} = \begin{pmatrix} 15 \\ 18 \end{pmatrix}$$

即节点 n_1 新的代价向量

$$E_1 = \begin{pmatrix} 6 \\ 17 \end{pmatrix} + \Delta = \begin{pmatrix} 6 \\ 17 \end{pmatrix} + \begin{pmatrix} 15 \\ 18 \end{pmatrix} = \begin{pmatrix} 21 \\ 35 \end{pmatrix}$$

经过上述 1 度归约后,从图中移除节点 n_0 和边 (n_0,n_1),得到的 PBQP 图如图 7.11所示。

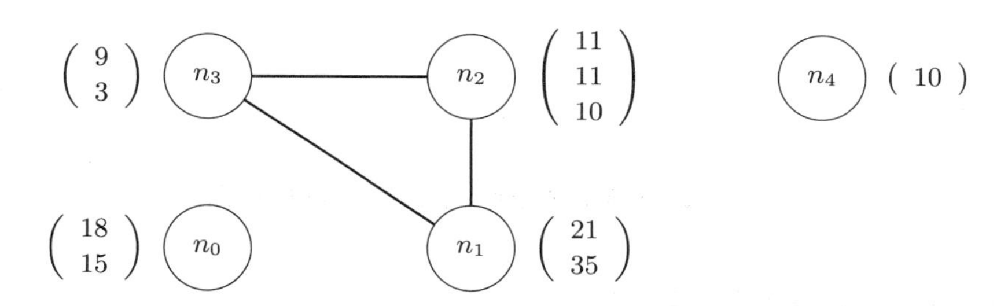

图 7.11 1 度归约消去节点 n_0 后得到的 PBQP 图

图 7.11的边上关联的代价矩阵为

$$C_{1,3} = \begin{pmatrix} 0 & 5 \\ 0 & 0 \end{pmatrix}, \quad C_{1,2} = \begin{pmatrix} 0 & 6 & 0 \\ 1 & 0 & 4 \end{pmatrix}, \quad C_{2,3} = \begin{pmatrix} 2 & 0 \\ 0 & 1 \\ 2 & 0 \end{pmatrix}$$

继续对图 7.11进行 2 度归约,我们选择节点 n_1(节点的选择具有随意性,这里也可以选择节点 n_2 或者 n_3),基于边上的代价矩阵 $C_{1,3}$ 和 $C_{1,2}$,计算得到一个差值矩阵 Δ,该矩阵的元素

$$\Delta(i,j) = \min\left(C_{1,3}(i,:) + C_{1,2}(j,:) + E_{n_1}\right)$$

回想一下，其中的记号 $C(i,:)$ 表示取矩阵 C 的第 i 列元素得到的向量。具体地，对于图 7.11中的 PBQP 图，计算得到的差值矩阵为

$$\Delta = \begin{pmatrix} 21 & 26 \\ 27 & 32 \\ 21 & 26 \end{pmatrix}$$

将差值矩阵 Δ 累加到代价矩阵 $C_{2,3}$ 上，得到

$$\Delta + C_{2,3} = \begin{pmatrix} 21 & 26 \\ 27 & 32 \\ 21 & 26 \end{pmatrix} + \begin{pmatrix} 2 & 0 \\ 0 & 1 \\ 2 & 0 \end{pmatrix} = \begin{pmatrix} 23 & 26 \\ 27 & 33 \\ 23 & 26 \end{pmatrix}$$

经过上述 2 度归约后，从图中移除节点 n_1 和边 (n_1,n_3) 与 (n_1,n_2)，得到的 PBQP 图如图 7.12 所示（注意，该图也经过了 simplify() 函数的化简）。

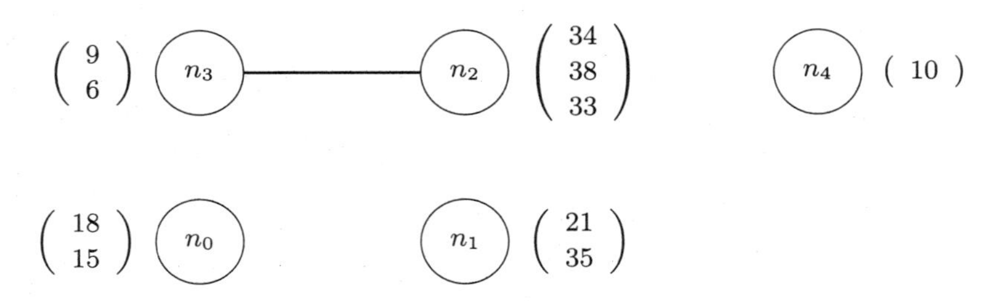

图 7.12　2 度归约消去节点 n_1 后得到的 PBQP 图

图 7.12的边上关联的代价矩阵为

$$C_{2,3} = \begin{pmatrix} 0 & 0 \\ 0 & 3 \\ 0 & 0 \end{pmatrix}$$

按类似的步骤，继续从图 7.12中消除节点 n_2 及其关联的边 (n_2,n_3)，最终得到图 7.13，注意到图中只包含孤立节点。

算法完成对 PBQP 图所有节点移除后，调用 decide_decision_vector() 函数，来决定所有节点决策向量的值。从图 7.13可得到，该 PBQP 图对应的最小值为 39，各个节点对应的决策向量为

$$X_{n_0} = (0,1)\,, \quad X_{n_1} = (1,0)\,, \quad X_{n_2} = (0,0,1)$$
$$X_{n_3} = (0,1)\,, \quad X_{n_4} = (1)$$

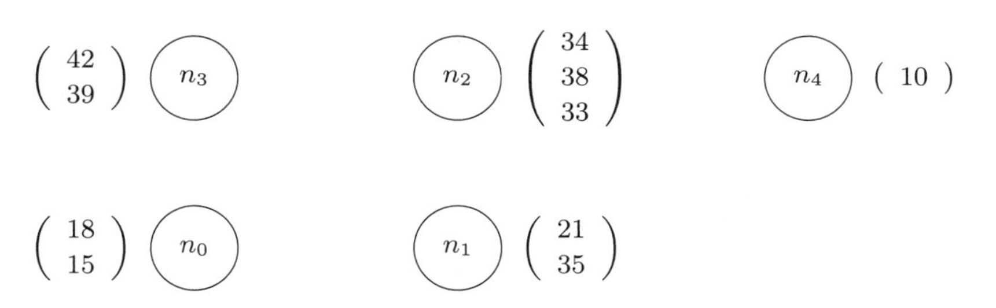

图 7.13 2 度归约消去节点 n_2 后得到的 PBQP 图

7.3.3 时间复杂度

我们讨论一下 PBQP 分配算法的最坏运行时间复杂度。假设 PBQP 图有 n 个节点（即待分配的变量个数），并且节点上的代价向量的长度为 K，边上的代价矩阵的维度为 $K \times K$，同时假设 PBQP 图中所有节点 x 的度都是大于 2 的，则算法最坏运行时间复杂度为

$$O(K^2n^2)$$

由于在通常的指令集体系结构上，K 都是一个小常数（8，16 或者 32），因此，该算法的时间复杂度是平方量级。

7.4 深入阅读

二次分配问题（QAP）以及划分布尔二次问题（PBQP）是运筹学中的经典问题，在很多运筹学相关的文献中都已经被仔细研究过[81, 82, 83, 84, 85, 86, 87]；Burkard 等人[88]给出了对二次分配问题和相关软件系统实现的概述和分析。

Scholz 等人[27]最早给出了基于 PBQP 的寄存器分配算法，并将其用于建模非规整指令集体系结构的分配问题；Hames 等人[89]后续将该算法改进到近似最优；Buchwald 等人[90]给出了将 PBQP 用于 SSA 形式的分配算法。

参考文献

[1] Vyssotsky V, Wegner P. A graph theoretical Fortran source language analyzer[J]. Manuscript, AT&T Bell Laboratories, Murray Hill, NJ, 1963.

[2] Aho A V, Sethi R, Ullman J D. Compilers, principles, techniques[J]. Addison Wesley, 1986, 7(8): 9.

[3] Barrett W A, Bates R M, Gustafson D A, et al. Compiler construction: theory and practice[M]. New York: SRA School Group, 1986.

[4] Fischer C N, LeBlanc R J Jr. Crafting a compiler with C[M]. [S.l.]: Benjamin-Cummings Publishing Co., Inc., 1991.

[5] Gries D. Compiler construction for digital computers[M]. New York: Wiley, 1971.

[6] Muchnick S. Advanced compiler design implementation[M]. San Francisco: Morgan Kaufmann, 1997.

[7] Torczon L, Cooper K. Engineering a compiler[M]. Amsterdam: Morgan Kaufmann Publishers Inc., 2007.

[8] Allen F E. Control flow analysis[J]. ACM Sigplan Notices, 1970, 5(7): 1-19.

[9] Appel A W. Modern compiler implementation in ML [M]. New York: Cambridge University Press, 1998.

[10] Cocke J. Global common subexpression elimination[C]//Proceedings of a Symposium on Compiler Optimization, 1970: 20-24.

[11] Kildall G A. A unified approach to global program optimization[C]//Proceedings of the 1st Annual ACM SIGACT-SIGPLAN Symposium on Principles of Programming Languages, 1973: 194-206.

[12] Lavrov S S. Store economy in closed operator schemes[J]. Zhurnal Vychislitel'noi Matematiki i Matematicheskoi Fiziki, 1961, 1(4): 687-701.

[13] Allen F E Dr. Allen noted that beatty described live analysis in a document titled "optimization methods for highly parallel, multiregister machines" dated September 1968[R]. [S.l. : s.n.], 2009.

[14] Lowry E S, Medlock C W. Object code optimization[J]. Communications of the ACM, 1969, 12(1): 13-22.

[15] Kennedy K. A global flow analysis algorithm[J]. International Journal of Computer Mathematics, 1972, 3(1-4): 5-15.

[16] Allen F E. A basis for program optimization[C]//IFIP Congress, 1971: 385-390.

[17] Nielson F, Nielson H R, Hankin C. Principles of program analysis[M]. Berlin: Springer Science & Business Media, 2004.

[18] Khedker U P, Sanyal A, Karkare B. Data flow analysis: Theory and practice[M]. New York: CRC Press, 2017.

[19] Backus J. The history of Fortran I, II, and III[J]. ACM Sigplan Notices, 1978, 13(8): 165-180.

[20] Backus J W, Beeber R J, Best S, et al. The FORTRAN automatic coding system[C]// Western Joint Computer Conference: Techniques for Reliability, 1957: 188-198.

[21] Belady L A. A study of replacement algorithms for a virtual-storage computer[J]. IBM Systems journal, 1966, 5(2): 78-101.

[22] Chaitin G J. Register allocation and spilling via graph coloring[J]. ACM Sigplan Notices, 1982, 17(6): 98-101.

[23] Chaitin G J. Register allocation and spilling via graph coloring: US 4571678[P]. 1986-02-18.

[24] Chaitin G J, Auslander M A, Chandra A K, et al. Register allocation via coloring[J]. Computer Languages, 1981, 6(1): 47-57.

[25] Pereira F M Q, Palsberg J. Register allocation via coloring of chordal graphs[C]//Asian Symposium on Programming Languages and Systems. Berlin: Springer, 2005: 315-329.

[26] Goodwin D W, Wilken K D. Optimal and near-optimal global register allocation using 0–1 integer programming[J]. Software: Practice and Experience, 1996, 26(8): 929-965.

[27] Scholz B, Eckstein E. Register allocation for irregular architectures[C]//Proceedings of the Joint Conference on Languages, Compilers and Tools for Embedded Systems: Software and Compilers for Embedded Systems, 2002: 139-148.

[28] Bouchez F, Darte A, Guillon C, et al. Register allocation: What does the NP-completeness proof of Chaitin et al. really prove? or revisiting register allocation: Why and how[C]//International Workshop on Languages and Compilers for Parallel Computing, Berlin: Springer, 2006: 283-298.

[29] Kempe A B. On the geographical problem of the four colours[J]. American Journal of Mathematics, 1879, 2(3): 193-200.

[30] Briggs P, Cooper K D, Kennedy K, et al. Coloring heuristics for register allocation[J]. Acm Sigplan Notices, 1989, 24(7): 275-284.

[31] Briggs P. Register allocation via graph coloring[D]. Houston: Rice University, 1992.

[32] Briggs P, Cooper K D, Torczon L. Improvements to graph coloring register allocation[J]. ACM Transactions on Programming Languages and Systems (TOPLAS), 1994, 16(3): 428-455.

[33] George L, Appel A W. Iterated register coalescing[J]. ACM Transactions on Programming Languages and Systems (TOPLAS), 1996, 18(3): 300-324.

[34] George L, Appel A W. Iterated register coalescing[C]//Proceedings of the 23rd ACM SIGPLAN-SIGACT Symposium on Principles of Programming Languages, 1996: 208-218.

[35] Bergner P, Dahl P, Engebretsen D, et al. Spill code minimization via interference region spilling[J]. ACM SIGPLAN Notices, 1997, 32(5): 287-295.

[36] Bernstein D, Golumbic M, Mansour Y, et al. Spill code minimization techniques for optimizing compliers[J]. ACM SIGPLAN Notices, 1989, 24(7): 258-263.

[37] Briggs P, Cooper K D, Torczon L. Rematerialization[C]//Proceedings of the ACM SIGPLAN 1992 Conference on Programming Language Design and Implementation, 1992: 311-321.

[38] Park J, Moon S M. Optimistic register coalescing[C]//Proceedings of the 1998 International Conference on Parallel Architectures and Compilation Techniques, 1998: 196.

[39] Cooper K D, Eckhardt J. Improved passive splitting[C]//PLC, 2005: 115-122.

[40] Cooper K D, Simpson L T. Live range splitting in a graph coloring register allocator[C]//International Conference on Compiler Construction. Berlin: Springer, 1998: 174-187.

[41] Kurlander S M, Fischer C N. Zero-cost range splitting[C]//Proceedings of the ACM SIGPLAN 1994 Conference on Programming Language Design and Implementation, 1994: 257-265.

[42] Callahan D, Carr S, Kennedy K. Improving register allocation for subscripted variables[J]. ACM Sigplan Notices, 1990, 25(6): 53-65.

[43] Carr S, Kennedy K. Scalar replacement in the presence of conditional control flow[J]. Software: Practice and Experience, 1994, 24(1): 51-77.

[44] Lo R, Chow F, Kennedy R, et al. Register promotion by sparse partial redundancy elimination of loads and stores[J]. ACM SIGPLAN Notices, 1998, 33(5): 26-37.

[45] Lu J, Cooper K D. Register promotion in C programs[C]//Proceedings of the ACM SIGPLAN 1997 Conference on Programming Language Design and Implementation, 1997: 308-319.

[46] Sastry A V S, Ju R D C. A new algorithm for scalar register promotion based on SSA form[C]//Proceedings of the ACM SIGPLAN 1998 Conference on Programming Language Design and Implementation, 1998: 15-25.

[47] Poletto M, Sarkar V. Linear scan register allocation[J]. ACM Transactions on Programming Languages and Systems (TOPLAS), 1999, 21(5): 895-913.

[48] Traub O, Holloway G, Smith M D. Quality and speed in linear-scan register allocation[J]. ACM SIGPLAN Notices, 1998, 33(5): 142-151.

[49] Sagonas K, Stenman E. Experimental evaluation and improvements to linear scan register allocation[J]. Software: Practice and Experience, 2003, 33(11): 1003-1034.

[50] Mössenböck H, Pfeiffer M. Linear scan register allocation in the context of SSA form and register constraints[C]//International Conference on Compiler Construction. Berlin: Springer, 2002: 229-246.

[51] Wimmer C, Franz M. Linear scan register allocation on SSA form[C]//Proceedings of the 8th Annual IEEE/ACM International Symposium on Code Generation and Optimization, 2010: 170-179.

[52] Wimmer C, Mössenböck H. Optimized interval splitting in a linear scan register allocator[C]//Proceedings of the 1st ACM/USENIX International Conference on Virtual Execution Environments, 2005: 132-141.

[53] Sarkar V, Barik R. Extended linear scan: An alternate foundation for global register allocation[C]//International Conference on Compiler Construction. Berlin: Springer, 2007: 141-155.

[54] Subha S. A modified linear scan register allocation algorithm[C]//2009 Sixth International Conference on Information Technology: New Generations. IEEE, 2009: 825-827.

[55] Kananizadeh S, Kononenko K. Improving on linear scan register allocation[J]. International Journal of Automation and Computing, 2018, 15(2): 228-238.

[56] Dirac G A. On rigid circuit graphs[C]//Abhandlungen aus dem Mathematischen Seminar der Universität Hamburg. Springer-Verlag, 1961, 25(1): 71-76.

[57] Gavril F. Algorithms for minimum coloring, maximum clique, minimum covering by cliques, and maximum independent set of a chordal graph[J]. SIAM Journal on Computing, 1972, 1(2): 180-187.

[58] Tarjan R E, Yannakakis M. Simple linear-time algorithms to test chordality of graphs, test acyclicity of hypergraphs, and selectively reduce acyclic hypergraphs[J]. SIAM Journal on computing, 1984, 13(3): 566-579.

[59] Anderson C. Register allocation by optimal graph coloring[C]//International Conference on Compiler Construction. Berlin: Springer, 2003: 33-45.

[60] George L, Appel A W. Iterated register coalescing[J]. ACM Transactions on Programming Languages and Systems (TOPLAS), 1996, 18(3): 300-324.

[61] Golumbic M C. Algorithmic graph theory and perfect graphs[M]. New York: Elsevier, 2004.

[62] Cytron R, Ferrante J, Rosen B K, et al. Efficiently computing static single assignment form and the control dependence graph[J]. ACM Transactions on Programming Languages and Systems (TOPLAS), 1991, 13(4): 451-490.

[63] Rosen B K, Wegman M N, Zadeck F K. Global value numbers and redundant computations[C]//Proceedings of the 15th ACM SIGPLAN-SIGACT Symposium on Principles of Programming Languages, 1988: 12-27.

[64] Briggs P. Register allocation via graph coloring[D]. Houston: Rice University, 1992.

[65] Tarjan R E. Testing flow graph reducibility[J]. Journal of Computer and System Sciences, 1974, 9(3): 355-365.

[66] Lengauer T, Tarjan R E. A fast algorithm for finding dominators in a flowgraph[J]. ACM Transactions on Programming Languages and Systems (TOPLAS), 1979, 1(1): 121-141.

[67] Cooper K D, Harvey T J, Kennedy K. A simple, fast dominance algorithm[J]. Software Practice & Experience, 2001, 4(1-10): 1-8.

[68] Bouchez F. Allocation de registres et vidage en mémoire[D]. Lyon: ENS Lyon, 2005.

[69] Brisk P, Dabiri F, Macbeth J, et al. Polynomial time graph coloring register allocation[C]//14th International Workshop on Logic and Synthesis, 2005, 1(1).

[70] Hack S, Grund D, Goos G. Register allocation for programs in SSA-form[C]//International Conference on Compiler Construction. Berlin: Springer, 2006: 247-262.

[71] Bouchez F, Darte A, Rastello F. On the complexity of spill everywhere under SSA form[J]. ACM SIGPLAN Notices, 2007, 42(7): 103-112.

[72] Hack S, Grund D, Goos G. Towards register allocation for programs in SSA-form[R]. Technical Report RR2005-27, 2005.

[73] Dantzig G B. Linear programming and extensions[M]. Princeton: Princeton University Press, 1991.

[74] Schrijver A. Theory of linear and integer programming[M]. [S.l.]: John Wiley & Sons, 1998.

[75] Wolsey L A. Lagrangian duality[J]. Integer programming, 1998: 167-181.

[76] Hillier F S, Lieberman G J. Introdução à pesquisa operacional[M]. [S.l.]: McGraw Hill Brasil, 2013.

[77] Vanderbei R J. Linear programming: Foundations and extensions[M]. Berlin: Springer Nature, 2020.

[78] Goodwin D W. Optimal and near-optimal global register allocation[D]. Davis : University of California, 1996.

[79] Kong T, Wilken K D. Precise register allocation for irregular architectures[C]//Proceedings of 31st Annual ACM/IEEE International Symposium on Microarchitecture, IEEE, 1998: 297-307.

[80] Appel A W, George L. Optimal spilling for CISC machines with few registers[J]. ACM SIGPLAN Notices, 2001, 36(5): 243-253.

[81] Burkard R E, Finke G, Rendl F. Quadratic assignment problems[M]. Graz: North-Holland Publishing Company, 1987: 61-82.

[82] Winston W L. Introduction to mathematical programming[M]. 4th ed. New York: Thomson Learning, 2002.

[83] Çela E. The quadratic assignment problem: Special cases and relatives[J]. [S.l. : s.n.], 1995.

[84] Christofides N, Benavent E. An exact algorithm for the quadratic assignment problem on a tree[J]. Operations Research, 1989, 37(5): 760-768.

[85] Gilmore P C. Optimal and suboptimal algorithms for the quadratic assignment problem[J]. Journal of the Society for Industrial and Applied Mathematics, 1962, 10(2): 305-313.

[86] Lawler E L. The quadratic assignment problem[J]. Management Science, 1963, 9(4): 586-599.

[87] Wang Y, Punnen A P. The boolean quadratic programming problem with generalized upper bound constraints[J]. Computers & Operations Research, 2017, 77: 1-10.

[88] Burkard R E, Karisch S E, Rendl F. QAPLIB-a quadratic assignment problem library[J]. Journal of Global Optimization, 1997, 10(4): 391-403.

[89] Hames L, Scholz B. Nearly optimal register allocation with PBQP[C]//Joint Modular Languages Conference. Berlin: Springer, 2006: 346-361.

[90] Buchwald S, Zwinkaub A, Bersch T. SSA-based register allocation with PBQP[C]//International Conference on Compiler Construction. Berlin: Springer, 2011: 42-61.